Y
ME
LLEVO
UNA

UN AJUSTE DE CUENTAS CON
LAS MATEMÁTICAS DE LA ESCUELA

JOSEÁNGEL MURCIA
ILUSTRACIONES DE CRISTINA DAURA

Y
ME
LLEVO
UNA

UN AJUSTE DE CUENTAS CON
LAS MATEMÁTICAS DE LA ESCUELA

JOSEÁNGEL MURCIA
ILUSTRACIONES DE CRISTINA DAURA

Nørdicalibros *Capitán Swing*

Y ME LLEVO UNA

© Del texto: Joseángel Murcia
© De las ilustraciones: Cristina Daura
© De esta edición:

Nórdica Libros, S. L.
www.nordicalibros.com

Capitán Swing Libros, S.L.
www.capitanswing.com

Primera edición en cartoné: febrero de 2026

Coordinación: Samuel Alonso Omeñaca
Diseño y maquetación: Nacho Caballero
Corrección: Victoria Parra y Ana Patrón
Corrección matemática: Patricia Gutiérrez del Álamo Rodríguez

ISBN: 979-13-87922-45-0
Depósito legal: M-3533-2026
IBIC: PB
THEMA: PB
Impreso en España / *Printed in Spain*

Gracel (Alcobendas)

Contenidos

RAÍZ CUADRADA

PRÓLOGO

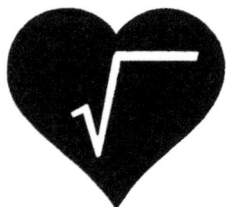

Copié las propiedades del logaritmo en un examen. ¡Vaya carta de presentación para un matemático! El logaritmo de un producto es la suma de los logaritmos, el logaritmo de un cociente es la diferencia de los logaritmos, el logaritmo de una potencia, el cambio de base de logaritmos…, ¡no me entraba en la cabeza! Escribí estas reglas con un boli Bic en la palma de mi mano izquierda, que temblaba y sudaba por los nervios, antes de entrar. Cuando repartieron los folios transcribí las fórmulas rápidamente en uno de ellos y borré las trazas del delito restregando una mano con la otra. ¡Qué vergüenza! Los logaritmos y sus propiedades me resultaban inútiles, ¿servían para algo?, ¿con qué estaban relacionados? Han pasado más de veinte años y aunque ya tengo respuestas a estas preguntas, sigo recordando la frustración que me produjo. El trauma permanece. Apenas un par de años más tarde estaba ayudando a una compañera que tenía examen de logaritmos al día siguiente. Era una chica menor que yo y me gustaba. Mucho. Quería impresionarla con lo que sabía; era una de mis estrategias para ligar, una de las que menos éxito me dieron nunca. Con ese panorama, me preocupaba tener que decirle que se las copiase.

Me esforcé en hacerme comprender, me puse en su lugar, busqué ejemplos con números, utilicé la calculadora e hice dibujos. Me gustaría poder decirte que lo entendió. La verdad: no lo sé, le perdí la pista hace mucho. Lo fascinante es que noté en ese momento que yo sí lo comprendía. Fue una sensación increíble, ¡por fin lo estaba entendiendo! Esa mañana empecé a comprender lo que era un logaritmo, a integrarlo entre los conceptos matemáticos que manejaba y ya no se me olvidó.

Hace tiempo que dejó de sorprenderme; se aprenden más matemáticas cuando las discutes con un igual que cuando te limitas a escuchar hablar sobre ellas. Es posible que sea maestro de matemáticas por eso, porque me ayuda a seguir profundizando y aprendiendo. Es posible también que enseñe matemáticas para expiar mi culpa por haber copiado aquel día. Como Sísifo ascendo una empinada ladera, mientras empujo mi piedra, sabiendo que cuando llegue a la cima caerá del lado contrario. Y otra vez a empezar: el logaritmo del producto es la suma de logaritmos, el logaritmo de un cociente, la resta de logaritmos… Las matemáticas tienen mucho de ascenso por una montaña. En mi primer año como profesor de bachillerato estaba dando una complicada explicación sobre unas derivadas o unos límites, ya no lo sé. Sí recuerdo el murmullo que se oía de fondo. En lugar de parar la clase, seguí adelante, confiado en que al final me entenderían. Pensando en ayudarles, intercalé entre mis explicaciones una frase que entonces pensaba que era de ánimo, algo así como «lo vais a entender enseguida, es muy fácil». Cuando me volví hacia la clase, Marta, una estudiante de dieciséis años, pedía la palabra: «Profesor, usted dice todo el rato que es muy fácil, yo no lo entiendo y me siento tonta». Me quedé muerto. Su insolencia no era suficiente para echarla de clase, aunque a mí me echaron una vez por sonreír, no te lo vas a creer, ¡fue en clase de matemáticas! La única vez que me mandaron al pasillo en mi vida. Menudo historial… Pero era mi primer año y lo único que acerté a decir a Marta fue que tenía razón. Decir de algo complejo que es fácil ni da ánimos ni mejora su comprensión, probablemente desmoraliza más que ayuda. Me quedé hablando con ella unos minutos durante el siguiente recreo, pero sin encontrar la solución para el dilema que me planteaba. Tampoco parecía que la solución pasara por decir que era difícil. Pasé años sin encontrar una respuesta para su observación. Me llegó en la lectura de un librito de Maria Antònia Canals. Decía que las matemáticas son difíciles por múltiples razones (entre otras, por ser abstractas, o porque se construyen sobre otros conceptos), pero que también es difícil subir a una montaña, y sin embargo mucha gente lo hace. Imagina que te gusta la montaña y vas a llevar por primera vez a un niño, un familiar; ¿plantearías para su primer día una larga ruta o una complicada ascensión? No lo creo, mejor será que se ponga ropa cómoda y llevarle a trotar, a jugar, a hacer un pícnic. Poco a poco vas buscando equipamiento adecuado y rutas que sean convenientes a su preparación y aptitud. Eso es lo que tenemos que hacer con las matemáticas. Eso y darnos cuenta de que a todo el mundo no le apasiona el montañismo, aunque todos disfrutamos de un buen mirador, desde el que se puedan tener buenas vistas, y si nos ha costado algo de esfuerzo llegar, el justo, lo disfrutamos más.

Sobreviví a las matemáticas de la escuela. Es posible que tú también. Seguramente no estarías leyendo esto si no hubiera sido así. Debes saber que muchos se quedaron por el camino. Los profesores de matemáticas hemos mandado a mucha gente a las facultades de letras. No llegué a odiarlas, aunque poco faltó. Algo ocurrió en mi cabeza y empecé a entenderlas, a relacionarlas, a disfrutarlas, pienso que fue el relacionar conceptos que parecían alejados. Ahora disfruto preguntándome cómo aprendemos matemáticas. Saber cómo aprendemos o cómo funcionan ciertos procesos no es una condición necesaria para poder utilizar las matemáticas. Tampoco es necesario saber mecánica para conducir un coche. Lo razonable es que nos planteemos qué matemáticas son útiles para el día a día, qué operaciones es saludable que sepamos hacer de cabeza —no vamos a sacar el móvil para calcular las vueltas del pan, sí para ver a cuánto tocamos en una cena con más de diez comensales—, qué relaciones y propiedades nos van a llevar a entender mejor el mundo que nos rodea o a ahorrar dinero.

En este libro reflexiono sobre cómo nos las enseñaron y por qué alguno casi llega a odiarlas, bueno, alguno sin el «casi». Quiero proponerte que rompamos el círculo vicioso de las matemáticas como asignatura maldita. Pretendo mostrar también los entresijos de la aritmética escolar: por qué tenemos diez dígitos, adónde me llevo la que me llevo cuando me la llevo y parte de las preciosas investigaciones y demostraciones visuales que podemos llevar a cabo cuando miramos las matemáticas con otros ojos. Quiero explicitar que hay unas matemáticas que tienen mucho más sentido y que pasan por pensar y tocar, también por jugar, construir y disfrutar, dudar, argumentar y volver a pensar. Y sí, también quiero que veamos algo de mecánica, porque si sabemos cómo funcionan las tripas del coche y oímos un ruido raro sabremos dónde hay que mirar o si hay que preocuparse.

Vives rodeado de números. Algunos son muy evidentes (tu teléfono, la matrícula del coche que pasa por la calle, tu DNI o el número del portal de casa). Otros no lo son tanto y hay que rascar un poco para encontrarlos. Pero las matemáticas son mucho más que números: miles de rutinas, patrones y formas que se pueden comprender, formular o simplificar apelando a una operación de pensamiento matemático, tal vez aritmética (probablemente una suma), geométrica (un giro, una simetría o una traslación) o lógica, como cuando encuentras una relación, un vínculo que no esperabas, una conexión sorprendente. Números, patrones, relaciones… También hay matemáticas detrás de consultar una web, enviar un mensaje de texto o realizar una transferencia bancaria, actividades que no se podrían realizar si no fuera por la criptografía y los códigos correctores que mantienen la seguridad de las comunicaciones incluso cuando hay interferencias. Hace años para ver una película no había más remedio que proyectar un chorro de luz a través de un film sobre una pantalla blanca. Eran tiempos analógicos; todavía subsisten, como cuando lees este libro en papel. Pero todo el proceso de su escritura (en un ordenador, con un procesador de textos) hasta su composición o el diseño de sus ilustraciones han necesitado de rutinas que son, en última instancia, matemáticas. Cuando hoy vemos una película en televisión, probablemente por cable, la imagen se compone en nuestra pantalla gracias a algoritmos —sucesiones de operaciones— que solo saben explicar las matemáticas y que han sido creados y puede que incluso programados por matemáticos. Larry Page y Sergey Brin son dos matemáticos de mi generación. Se conocieron estudiando ciencias de computación. Llamaron a su empresa Google por uno de los números más grandes que conocemos en matemáticas —aunque lo podemos escribir con solo cinco símbolos—. Hoy ganan miles de millones, aunque no nos haya ocurrido lo mismo a todos los que estudiamos matemáticas. Las matemáticas son

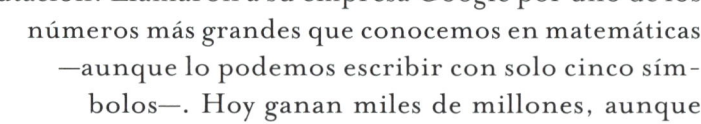

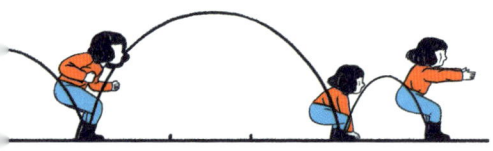

útiles, existen y tienen aplicación; si no existieran nuestra vida sería radicalmente diferente.

El mensaje que nos manda la sociedad, de la que la escuela es solo una parte, es que las matemáticas son importantes. Nos hacen que las estudiemos y que lo hagan nuestros hijos. A los que somos padres nos piden que les ayudemos en sus tareas y deberes. Sospechamos que algo falla, vemos que se siguen teniendo los mismos problemas que teníamos nosotros, pero seguimos adelante, no en vano las matemáticas son importantísimas… aunque desconozcamos para qué. Además, siempre se ha hecho así. Qué importante es la tradición en la enseñanza…

Hay alternativas. Todas pasan por entender «lo que son» y no solo «cómo se hacen» y utilizarlas en contextos ricos y productivos, como pueden ser los buenos problemas y los juegos.

Un ejemplo. Es probable que seas uno de esos que ha olvidado cómo se hace la raíz cuadrada. Como te decía antes, con cierta frecuencia, cuando me presentan a alguien y se entera de que soy matemático me confiesa no recordar ese procedimiento. Si te ocurre a ti también, no te culpes: yo también lo había olvidado. Además, hace años que se quitó del currículo (aunque muchos la siguen enseñando, por tradición, ya sabes). Hace poco que la repasé para contársela a mis alumnos de Magisterio y preguntarles por qué funciona. Una de mis preguntas favoritas. Pero volvamos a la pregunta inicial: ¿sabes qué es la raíz cuadrada? Concretando más, ¿qué quiere decir que 9 es un cuadrado?

Desde luego el número 9 no es un cuadrado. Sin ponerme muy filosófico diré que un 9 es un 9 y un cuadrado es un cuadrado, pero disponemos de modelos en los que las dos ideas convergen. Fíjate, si tenemos nueve objetos idénticos, nueve tapones, nueve chapas o nueve piedrecitas y podemos moverlos, los podemos acomodar con forma de cuadrado. En nuestro caso concreto, será un cuadrado de tres filas y tres columnas; por eso decimos que 9 es un cuadrado. Es el cuadrado que tiene tres de lado, el cuadrado del tres. También por eso decimos que 3, el número que multiplicado por sí mismo —3 veces 3— da 9, es su raíz cuadrada. Ampliando la idea, si en vez de 9, tuviésemos 10 puntos, tras intentar acomodarlos en forma de cuadrado —y fracasar— diríamos que la raíz cuadrada de 10 también es 3 y que el resto es 1, porque

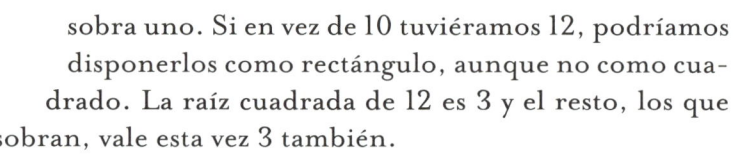

sobra uno. Si en vez de 10 tuviéramos 12, podríamos disponerlos como rectángulo, aunque no como cuadrado. La raíz cuadrada de 12 es 3 y el resto, los que sobran, vale esta vez 3 también.

Para poder enseñar matemáticas me ha hecho falta aprender mucho más de lo que aprendí durante mis estudios —tanto durante la licenciatura como en la capacitación pedagógica que se hacía después—. Y aprendí más matemáticas aún cuando orienté mis estudios hacia las matemáticas que hacen los niños. Cuando te enfrentas a la pregunta de cómo aprenden matemáticas los más pequeños ves que todavía te queda muchísimo por aprender, en parte porque vuelves a pasar por procedimientos que aprendiste hace mucho tiempo, pero de los que solo sabes el cómo y no el qué, ni el por qué. Escribo este libro para seguir aprendiendo. Espero que a ti también te sirva.

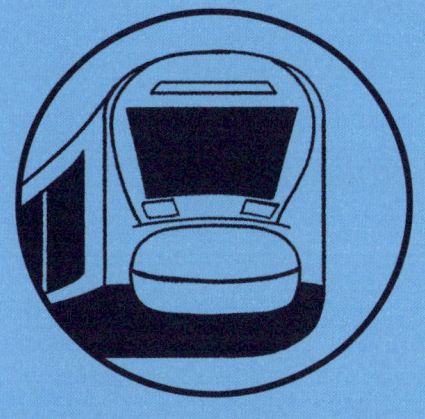

UN TREN SALE DE MADRID

CAPÍTULO 1

Cuando estaba en el colegio odiaba los problemas. Solo se trataba de encontrar los datos, buscar la operación, aplicarla. ¿A quién podría gustarle eso? Era mecánico, repetitivo, irreal. «Tienes 10 pesetas y compras canicas que valen 8 pesetas». ¡Menudo problema! Si tienes suficiente dinero..., ¿cuál es el problema? Además, escribe los datos, las operaciones, el resultado... ¿Las operaciones? ¿Qué operaciones? Sobran 2 pesetas, ya te lo he dicho.

Eran —son— problemas tristes. Como los del chiste:

¿Sabes por qué se deprimió el libro de matemáticas?
Porque tenía muchos problemas.

Es un chiste malo, pero encubre una verdad. Ejemplifica uno de los males de las matemáticas escolares: los problemas del colegio están en el cajón de las cosas aburridas y deprimentes. Ya sabes, ese en el que muchas personas dejan las matemáticas abandonadas para siempre. Me siento obligado a desmentir ese chiste, a sacar los problemas de ahí y ver qué matemáticas salen detrás de los problemas.

A todos deberían gustarnos los problemas. No los del chiste, sino unos que van mucho más allá de los de sumas y de restas (y no me refiero a los de multiplicaciones). Hay problemas con los que todos aprendemos, tanto si logramos resolverlos como si no, incluso cuando descubrimos que no tienen solución. ¿Y qué me dices de cuando encuentras una solución alternativa? Una solución mejor y más elegante. Porque lejos de lo que pensábamos en el cole, no solo hay problemas sin solución, también hay problemas con varias soluciones —y puede que unas sean mejores que otras—.

Veamos un ejemplo de un problema con varias soluciones. Antes de empezar quiero decirte que puede que te haga rememorar tiempos escolares... aunque no es lo que parece:

Un tren sale de Madrid a las 11 h, dirección Cádiz; una hora más tarde sale un tren de Cádiz dirección Madrid. A las 13 h y 14 minutos los trenes se cruzan y los conductores se saludan con la mano. En ese instante, ¿cuál de los dos está más cerca de Cádiz?

Este reto —me motiva más tener o proponer un «reto» que un «problema»— salió publicado en mi blog a la vez que en Diverclub, el programa matinal de radio para niños en el que colaboro cada semana. Cuando lo seleccioné y adapté estaba seguro de estar proponiendo un pequeño acertijo que haría pensar a los niños y recordaría a sus madres y padres —que les llevan a esa hora en el coche al colegio— aquellas complicadas situaciones de trenes que solían resolver con un sistema de ecuaciones en secundaria. Solo pretendía ser un pequeño guiño. Y estaba seguro de conocer la solución. Por eso me sorprendió que el primer comentario que llegó al blog fuera el de un adulto indignado que decía que faltaban datos. Este lector —que se presentaba como físico de profesión— afirmaba que había omitido el dato de la velocidad de los trenes, y además me recordaba que debía asumir que esta era constante.

Le respondí que no faltaban datos y que tratara de pensar en el problema con la mentalidad de un niño de ocho años. Tras un tenso intercambio de mensajes acordamos que, en efecto, el enunciado era correcto. (No faltaban datos, menos mal).

El segundo comentario que recibí fue en forma de correo electrónico de una niña de ocho años. Itziar me explicaba que en un primer momento había pensado que los dos trenes estaban a la misma distancia de Cádiz. (Alto, ¿cómo que «en un primer momento»? ¡En todo momento había creído que los dos trenes estaban a la misma distancia de Cádiz!).

Sin embargo, continuaba Itziar, al reflexionar sobre el dato de que se saludaban con la mano, se había dado cuenta de que el tren que venía de Cádiz tenía en ese instante toda su parte de atrás más cerca del origen. Concluía que la solución era el tren de Cádiz. Itziar me explicó sin querer que nunca un problema es tan simple como en un primer momento pueda parecer. También dejó en evidencia que todos —ella incluida— empezamos muy pronto a asumir que un problema debe tener una única solución, su solución. La solución. Artículo determinado, femenino, singular.

Recopilemos: tenemos a un físico al que le parece que faltan datos, a un matemático que lo ha propuesto convencido de que solo había una solución y a una niña que nos ha recordado que los trenes tienen su centro de masas más allá de la cabina del conductor. Pero aún faltaba el correo de Hugo, un niño de once años que ya me había sorprendido con soluciones muy creativas en semanas anteriores.

Hugo me hacía ver en su mensaje que el tren que va hacia Cádiz siempre está «más cerca de llegar a Cádiz» que el que se ha marchado y sabe Dios cuándo volverá. Imagina que sufre una avería y lo desguazan —digamos en León— y no vuelve jamás a Cádiz.

Muchos, al oír este relato, se quedan con cara de «entonces, ¿cuál es la solución correcta?». Puede que a ti también te haya pasado. La reflexión de Itziar nos recuerda que los problemas de matemáticas clásicos no están abiertos a la interpretación; o preguntas por cuál de los trenes está más cerca (y es el de Cádiz) o preguntas por cuál de los conductores está más cerca (y son los dos). Pero después de observar el precioso conjunto de soluciones me veo obligado a decir que situaciones como esta no tienen una solución correcta, que las tres lo son en algún sentido. Lo importante es que consigamos dar argumentos y explicaciones para justificar cada una de las soluciones posibles a la situación más o menos real que se nos ha planteado, que eso es lo creativo y valioso del pensamiento. Puede que no sea un verdadero problema matemático. Pero nos ha servido para pensar y aprender. Mucho. Nos ha conducido a que nos preguntemos si se puede encontrar alguna otra solución. Este acertijo de trenes que desde nuestra mentalidad de adultos solo podíamos ver como un problema mal formulado era, en realidad, una metáfora de cómo la sociedad, la escuela, hacernos mayores… nos lleva a casi todos a pensar de manera reduccionista y simple.

Si algo he aprendido resolviendo y planteando problemas, es que hay que escuchar a los niños, auténticos expertos en detectar y resolver buenos problemas. Así los problemas dejan de ser un elemento que propones para que los niños hagan matemáticas y se convierten en una herramienta para dialogar con ellos, para saber qué piensan y cómo lo hacen. Por eso es muy importante asegurarnos de que el problema que estamos planteando se entiende bien. Es fundamental comprobar que se ha entendido el enunciado; si se lo estamos pidiendo a un niño, que nos explique lo que cree que dice y que lo dibuje o haga un esquema. Y si nos lo estamos planteando personas adultas, escribamos o dibujemos qué estamos entendiendo o asumiendo al plantear el problema. Y a la propuesta de solución le debe seguir siempre la pregunta de cómo has llegado a ella y —si estamos en grupo— la de si alguien tiene una solución diferente o una estrategia distinta. Una excusa para pensar y reflexionar sobre el pensamiento.

Los modelos matemáticos, y los problemas como caso particular, no utilizan todos los elementos de la realidad, por lo que implican una simplificación. Esto no significa que debamos asumir que se desconecten de la realidad, sino muy al contrario. Es muy importante que los problemas partan de contextos reales y significativos para el que los va a resolver, contextos motivadores y que muevan a pensar matemáticamente, a argumentar, a representar y comunicar.

Pero si podemos imaginárnoslo y nos dice algo, nos motiva, entonces vale. En los libros de matemáticas —y de divulgación de las matemáticas— podemos encontrar cientos de ejemplos de problemas que parecen reales y no lo son.

Por ejemplo, un verdadero clásico: el problema de las edades de las hijas de un señor que se encuentra con un antiguo compañero del instituto —que no sabía que había sido padre—. El primero dice, enigmático:

—Tengo tres hijas y, ¡fíjate qué curioso!, el resultado de multiplicar sus edades es 36 y la suma es justamente el día en que estamos.

—Me falta un dato —dice el primero.

—Sí, es verdad. La mayor toca el piano.

¿Habrá algo más real que tres hijas? ¿Algo más motivador que tocar el piano? Pues no, en cuanto arrancamos con la explicación del problema y empezamos a desplegar números, este curioso problema pierde toda emoción y realismo:

Edad 1.ª	Edad 2.ª	Edad 3.ª	Suma/día	Observaciones
36	1	1	38	Descartado por contexto, no hay día 38
18	2	1	21	No falta ningún dato
12	3	1	16	No falta ningún dato
9	4	1	14	No falta ningún dato
9	2	2	13	Hay solución «mayor»
6	6	1	13	No hay una mayor
6	3	2	11	No falta ningún dato
4	3	3	10	No falta ningún dato

De todos los retos podemos aprender algo; de este, que la propia afirmación «me falta un dato» puede ser un dato. En todo caso si consigo que el problema que te planteo no sea solamente un problema mío y que se convierta en tu problema, habrá valido la pena. Por eso los mejores problemas son los que responden a preguntas que nos hemos hecho previamente o a situaciones reales que nos ayudan a entender nuestro mundo. El que pongo a continuación es una parábola capitalista. Implica cierta simplificación de la realidad, como siempre, pero nos enseña mucho:

El ayuntamiento de una gran capital dispone de un paquete de 2000 viviendas sociales, todas están actualmente en alquiler a razón de 200 euros al mes. Decide venderlas a un fondo buitre. La empresa sabe que por cada 5 euros que suba el alquiler perderá a 10 inquilinos. ¿A qué precio pondrá el alquiler para obtener el máximo beneficio?

¿Cómo sabe la empresa las implicaciones que tendrán las subidas? En el mundo real no es tan sencillo, aunque sin duda es sabido que las subidas acarrean impagos. Las empresas manejan modelos, y este problema plantea un modelo lineal sencillo: cada 5 euros más de alquiler son diez rentas menos, y así lo puedo plantear a niños a partir de once años. A estos problemas en los que hay que obtener un valor que me produce el mínimo coste o el máximo beneficio en secundaria los llamamos «de optimización». Según el currículo oficial, su lugar sería el bachillerato, y utilizaríamos artillería pesada: funciones y derivadas. Sin embargo, esas potentes herramientas desvían la atención del contenido del problema, que se puede comprender y resolver con la ayuda de una tabla o de una hoja de cálculo mucho antes.

Cuando planteo este problema a niños y les digo que tomen la calculadora* y calculen los ingresos que recibe la empresa por esas 2000 viviendas si están todas ocupadas, corren a hacer la multiplicación: 2000 pisos * 200 euros da 400 000 euros. La respuesta es siempre la misma, que no lo toquen. ¡Cuatrocientos mil euros! Propongo que prueben a tocarlo, que calculen el resultado de poner el alquiler a 205 euros. Esos 5 euros extras llevarán a que dejen de ingresar diez alquileres —sin contar los costes del penoso proceso de desahucio—. Si nos fijamos solo en los ingresos: 1990 pisos a 205 euros de alquiler por piso significan 407 950 euros, ¡casi 8000 euros más! No falla. Alguien propone que pongan los alquileres a 1000 euros. Tampoco está bien, a ese precio pocos podrán pagar el alquiler. Lo bueno es que en ese momento ya he sembrado la duda y la necesidad de resolver el problema, ya estamos en el camino de hacerlo. ¿Qué ha convertido mi problema en su problema? En este caso las expectativas, las intuiciones que llevaban a creer que «lo mejor» era quedarnos como estábamos.

Con la ayuda de una hoja de cálculo y tras hacer un par de pruebas llegamos a una tabla como esta:

Pisos vacíos	Pisos ocupados	Alquiler	Ingresos
0	2000	200	400 000
100	1900	250	475 000
200	1800	300	540 000
300	1700	350	595 000
400	1600	400	640 000
500	1500	450	675 000
600	1400	500	700 000
700	1300	550	715 000
800	1200	600	720 000
900	1100	650	715 000
1000	1000	700	700 000
1100	900	750	675 000
1200	800	800	640 000
1300	700	850	595 000
1400	600	900	540 000
1500	500	950	475 000
1600	400	1000	400 000
1700	300	1050	315 000

*

Sí, calculadora en sentido amplio; me valen también móvil, tablet u ordenador. Los problemas no son una excusa para hacer cuentas, es el momento idóneo para que lo que menos nos tengan que preocupar sean los números. Utilicemos calculadora en los problemas que tengan mucho cálculo, y centremos nuestros esfuerzos en el pensamiento, en la resolución del problema.

Se aprecia que no es lo mejor poner los pisos a 1000 euros, contrariamente a la intuición, se ingresa ¡lo mismo que cuando estaban a 200 euros! También se aprecia que la solución está en algún lugar entre los 200 y los 1000; de hecho, mirando atentamente la tabla se ve un patrón, una regularidad: los resultados se repiten de forma simétrica por arriba y debajo de los 600 euros de alquiler, justo el punto medio entre 200 y 1000. ¿Casualidad?, no lo parece. La media aritmética entre 200 y 1000 es justamente 600, algo que —si miramos la gráfica— no hay lugar a dudas de qué hay que hacer si queremos obtener el máximo beneficio.

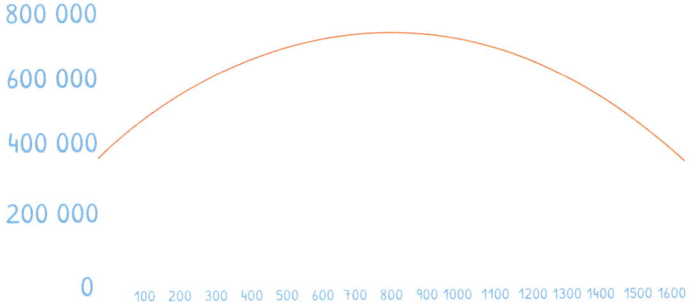

Esta solución me ayudó por fin a entender por qué el solar de al lado de mi casa, en el centro, sigue sin edificar. Alguien buscando el máximo beneficio prefiere tener un solar o un edificio vacío —o un almacén puede preferir tirar fruta— que «bajar los precios». Problemas y situaciones como esta nos ayudan a entender el mundo que nos rodea. La curva que modeliza nuestro polémico beneficio se llama parábola. Y en secundaria tendrá una bonita ecuación de segundo grado como expresión, pero nada de eso es verdaderamente necesario para resolver este problema. Sí que podemos apreciar alguna de sus características. Es simétrica, lo que significa que tiene un eje vertical y que los puntos que están a la misma distancia a izquierda y derecha de este eje tienen la misma altura, esto es, el mismo valor; más gráficamente, que puedo colocar un espejo sobre ese eje vertical y la mitad de su gráfica se confundirá con su reflejo. Eso nos puede servir para demostrar visualmente dónde se encuentra el máximo, justo sobre ochocientas familias en la calle, con un alquiler de 600 euros. Esta simetría produce la «paradoja» de que se obtenga teóricamente la misma cantidad de ingresos con los alquileres a 200 y a 1000 euros al mes. Muestra lo poco humanas que son las matemáticas cuando se aplican a la economía sin control. Como el máximo beneficio no puede ser lo que determine los precios de los alquileres sociales.

Un problema no acaba cuando llegamos a una solución. Es muy importante, en todo caso, explicarla, interpretándola correctamente. Y preguntarnos si entendemos cómo se ha hecho, y si se podría haber hecho de otra manera. Lo que estoy pidiento toma más tiempo; de hacerlo, en lugar de «producir» 6 o 7 problemas en una hora, puede que solo seamos capaces de terminar un par, pero habrá merecido la pena. También es muy importante notar que los problemas son el momento de pensar, no una excusa para hacer cuentas, por lo que los números y sus operaciones no deben ser lo que limite. En las situaciones inventadas que se planteen deberían aparecer cantidades que los niños puedan concebir. También se les debería facilitar calculadoras o cualquier otra herramienta que ayude a quitar las dificultades aritméticas que pudiera haber.

Antes decía que nuestro enunciado es una simplificación del mundo real. Lo es por varias razones, entre ellas la que identifica ingresos y beneficios, que no son lo mismo. Además, el modelo por el que cada 5 euros se deja fuera a 10 familias es demasiado simple; normalmente se manejan modelos más probabilísticos, más complejos; a mayores variaciones de los precios, menos certidumbre. Pero la realidad es que los precios no se ponen por ensayo y error, sino por estudios sobre modelos que las empresas conocen. Otra opción es plantear este dilema con frutas en lugar de con viviendas. Imagina un distribuidor que dispone de fruta almacenada en cámaras frigoríficas y que quiere retrasar su salida al mercado porque está subiendo de precio. Es irreal pensar que cada día se estropea un número fijo de kilos, ni un porcentaje de estos; lo real es que vaya aumentando cada día la proporción de fruta que se estropea. Para modelizar esta situación se utilizan también matemáticas, solo que ecuaciones diferenciales, mucho más complejas. Estas se estudian en las carreras de ciencias, su comprensión es fundamental para ajustarnos a la realidad de la fruta y también se dejan elementos de lado. No usamos modelos que se ajusten al cien por cien a la realidad; les pasa como al mapa a escala real borgiano, que es farragoso e inútil.

El reto que acabamos de resolver tiene una utilidad clara: ayuda a entender el mundo. No siempre se va a responder con tanta claridad a la pregunta: «¿Y esto para qué sirve?». A alguno de mis profesores de matemáticas le molestaba mucho que se le hiciera esa pregunta (ya sabes, ¡las matemáticas son tan importantes!). Lo cierto es que es una pregunta fundamental. Si sabemos que lo que nos van a contar es útil, que nos va a servir, que nos va a hacer mejorar, esto ayuda sin duda a fijar nuestra atención. Pero ojo, no siempre puede saberse. Vamos a viajar con la imaginación a un problema que se resolvió sin saber para qué iba a servir. Empezó como un juego, un problema recreativo, un acertijo que solo servía para satisfacer la curiosidad.

Escribo estas líneas en el verano de 2016, cuando baja el calor y la gente se echa a las calles a cazar Pokémon. En los años treinta del siglo XVIII, en la capital de un reino que hoy no existe —Prusia Oriental— no se perseguían monstruos de bolsillo. Los nobles y burgueses de toda Prusia, y el rey Federico el Grande a su cabeza, eran los únicos que ponían sus esfuerzos en algo tan especulativo como resolver problemas matemáticos. Esta ciudad sufrió los bombardeos aliados y es hoy un anodino enclave ruso en el Báltico llamado Kaliningrado. Puede que te suene porque fue una de las sedes del campeonato mundial de fútbol de Rusia de 2018. Nadie recuerda su esplendor. El lugar en el que el joven Immanuel Kant —nacido en 1724— era un escolar se llamaba entonces «la Montaña del Rey», Königsberg, en alemán. Sobre sus calles se planteó un rompecabezas que alcanzó bastante popularidad; hoy diríamos que se hizo viral. La ciudad tenía entonces siete puentes que unían las dos márgenes continentales de la ciudad con las dos islas que formaba el río Pregel a su paso.

El problema decía así:

¿Hay alguna forma de dar un paseo por los siete puentes de manera que pases exactamente una vez por cada uno de los puentes?

En realidad, en su momento se planteaba como un paseo en el que el caminante regresaba al punto de origen, un paseo circular, lo que hoy en el marco de la teoría que surgió a partir de la resolución de este problema se llama un ciclo euleriano, en homenaje al matemático suizo —empleado del rey de Prusia— Leonhard Euler.

Euler no tuvo que dar ningún paseo por la ciudad, ni volviendo al punto de origen ni sin volver. Le bastó ver el mapa de la ciudad. Bueno, en realidad «ver» no es el verbo más preciso. Euler había perdido la vista de un ojo por unas fiebres años atrás,

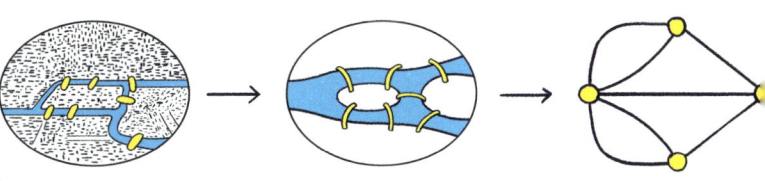

aunque se dice que pudo ser por la observación de las manchas solares para una investigación. Su patrón, el monarca Federico II, lo llamaba el Cíclope. Ni que decir tiene que a Euler no le gustaba. Sufriría tiempo después unas cataratas en el ojo sano que le dejarían definitivamente ciego. A Euler le sobraba, sin embargo, visión matemática para advertir que el mapa era irrelevante en la solución del problema. Leonhard redujo el mapa a una configuración de cuatro puntos, uno por cada región terrestre del mapa. Estos puntos están unidos por líneas, que representan las abstracciones de los puentes.

La discapacidad de Euler no le impidió ser uno de los matemáticos más prolíficos de todos los tiempos. Profundos artículos de matemáticas «de mayores», pero también obras de difusión del conocimiento, como sus «Cartas a una princesa sobre diversos temas de física y filosofía», resumen de las lecciones que dedicó en Berlín a la sobrina del rey, la princesa Federica, la primera enciclopedia divulgativa de la historia.

La idea que tuvo Euler para su solución ejemplifica hoy lo que es un proceso de abstracción. La abstracción es una de las dificultades que afronta el estudiante de matemáticas desde muy pronto, a veces demasiado. Una de las puertas que inevitablemente debe franquear para acceder al saber matemático.

Representar el problema que quieres resolver de forma sencilla, a través de un dibujo, esquema o un gráfico, es vital para resolverlo. Tenemos el modelo que utilizó, pero aún no sabemos la solución al problema: no, no se puede dar el paseo, lo siento. Por más que intentes pasearte por el mapa, por más vueltas que des, siempre pasarás dos veces por el mismo puente...

¿Contento? ¿Verdad que no? En matemáticas no puede bastar con decir cuál es la solución, menos aún si esta es negativa. Tan importantes como la solución son los argumentos o procesos que conducen a ella. Las razones que da Euler son muy interesantes: imagina que hay un camino, digamos que es un paseo que te lleva de vuelta al punto de partida. Puede ser cualquiera de los cuatro vértices del grafo (es como llamamos hoy a la abstracción del mapa), pon que es el de la parte superior —en el que está Pikachu—. Los grafos están formados por vértices (puntos) y aristas (líneas). Los vértices adyacentes al de nuestra partida serán puntos de paso, y tendrán que tener un número par de puentes, uno para llegar y otro para salir de ellos. No le

ocurre a ninguno de los puntos adyacentes a nuestro punto de partida. Tampoco le ocurre a nuestro candidato a punto de partida; tiene tres aristas: una es un puente para salir, otra un puente para volver… ¿y la otra? Descartamos el vértice superior como punto de partida; busquemos otro. Los dos vértices de la segunda línea (las dos islas de Königsberg) tienen un número impar de aristas (se dice «grado impar»); no son puntos de partida ni puntos de paso; lo mismo le pasa al cuarto vértice. Queda descartado que pueda haber un paseo que vuelva al punto de partida, un «ciclo euleriano». ¿Y si fuera un camino? En un paseo abierto no puede haber más que dos puntos que tengan grado impar, el de salida y el de llegada; los demás tienen que tener tantos puentes de entrada como de salida. Eso o habrá que repetir puente. Como hemos visto antes, todas las regiones de Königsberg tienen un número impar de puentes que entran y salen, por lo que Königsberg no se puede recorrer sin repetir puente, ni volviendo al punto de origen ni sin volver. Ahora sí que hemos terminado con el problema de los puentes de Königsberg. Conviene observar que es mucho más fácil trabajar sobre la abstracción que sobre el mapa original. Tanto para operar sobre el esquema como por escrito. Observa que una frase escrita en matemáticas como «¿cuántos vértices con grado impar puede haber en un ciclo euleriano?» formulada en términos de mapa se diría: «¿De cuántas regiones puede salir un número impar de puentes si solo queremos pasar por cada uno de ellos una vez y queremos volver a la región de origen?». El lenguaje matemático es riguroso y unívoco, aunque a veces resulta oscuro, y eso no es bueno.

Un problema que sí tiene solución es el del sobre. Puede que alguna vez te hayas encontrado con él:

¿Podrías recorrer el siguiente sobre abierto sin levantar el lápiz y pasando una sola vez por cada una de las líneas?

En el problema del sobre, que ahora podemos imaginar como el mapa de una pequeña Venecia seminundada, vemos que solo los puntos inferiores del sobre tienen «grado impar»: tres puentes para salir o llegar a ellos; el resto de vértices tienen grado par. Es por esto que todas las soluciones al problema del sobre parten de uno de ellos y llegan al otro.

Sobre la forma en que hemos llegado a la solución —bueno, a la ausencia de soluciones— en el «pasatiempo» de los puentes de Königsberg: se ha empezado suponiendo

Este es solo un posible reco- rrido; hay más, pero todos empiezan o acaban en los dos nodos inferiores, los únicos con grado impar.

que había alguna solución. Hemos razonado sobre lo que ocurriría en ese caso y hemos acabado llegando a una contradicción. ¿Qué significa esto? Que nuestra asunción inicial era falsa. Este procedimiento, muy usado en las demostraciones matemáticas, tiene nombre propio: se llama reducción al absurdo.

Años después de su solución había una rama de las matemáticas que exploraba los problemas como este (aunque aún no parecía que fuese a tener aplicación). Hoy la teoría de grafos originada para resolver este problema es fundamental en muchos campos: logística, comunicaciones, computación…; y sin ella sería imposible transmitir datos, organizar información o navegar en internet. Cada vez que miras el móvil, si tienes red es porque hay paquetes de datos recorriendo antenas entre servidores y centrales, y esos datos recorren las redes por los caminos que se han generado gracias a un grafo. Así que puede que no sea tan importante saber para qué sirve lo que hacemos en matemáticas. Puede que incluso parezca que no sirve para nada y dentro de cien años sea parte central del día a día de la gente.

La teoría de grafos y todas sus aplicaciones provienen de un problema matemático. Esto es algo que le ocurrió también a la probabilidad y la teoría de juegos, que surgieron como respuesta a las preguntas de un escritor, jugador y matemático aficionado, Antoine Gombaud. Las opiniones de Gombaud en sus ensayos dialogados las sostenía un tal Caballero de Meré (lugar en el que el autor fue educado); por eso muchos le atribuyen a Gombaud ser de noble alcurnia, nada más lejos de la realidad. Lo que sí que hizo Antoine fue interesarse a mediados del siglo XVII por un problema abierto desde la Edad Media: ¿cómo hay que repartir la apuesta inicial en un juego de azar que se interrumpe antes del final?* Gombaud comentaba sus avances y teorías en cartas que intercambiaba con Blaise Pascal, uno de los más grandes filósofos de su época. Pascal, a su vez, se escribía con Fermat, otro matemático aficionado famoso por legar a la humanidad un problema sin solución. Lo de aficionado es literal: era jurista y no recibía remuneración por sus trabajos matemáticos. Era aficionado, pero los descubrimientos que realizó valen para ponerle a la altura de Leibniz o Descartes, que también tenían sus aficiones. Ninguno de los nombrados se dedicaba solo a hacer matemáticas. Pierre de Fermat trató y resolvió muchos problemas, pero curiosamente pasó a la historia por un problema que

*

Una simplificación del enunciado es: «Los jugadores A y B están lanzando una moneda. Ganará el jugador que antes se anote 5 puntos. El juego se interrumpe en un momento en que A lleva 4 puntos y B, 3. ¿Cómo deben repartir la cantidad apostada para ser justos?». Puedes intentar resolverlo, pero ya te adelanto que la respuesta no es repartir la apuesta en proporción de 4 a 3, a favor de A.

no resolvió. No es culpa suya: se tardó más de 350 años en llegar a la conclusión de que no tenía solución. Fermat es precursor del *marketing* viral, aunque él no lo supiera. Se encontraba leyendo una edición anotada de su época de una «Aritmética de Diofanto»* y él mismo iba glosando con comentarios los márgenes. Debo reconocer que nunca me ha gustado escribir en los libros, pero los matemáticos debemos estar muy agradecidos a la nota que Fermat puso sobre la imposibilidad de generalizar el teorema de Pitágoras. Como sabemos, hay números que cumplen que al cuadrado se pueden descomponer como suma de cuadrados; los más sencillos son 5, 4 y 3.

Esto les ocurre a los lados de los triángulos rectángulos, sean o no enteros. El lado más largo (hipotenusa, «lado de abajo») es siempre suma de las longitudes al cuadrado de los lados que son perpendiculares (literalmente en griego antiguo, catetos). Hay una demostración visual preciosa del teorema de Pitágoras:

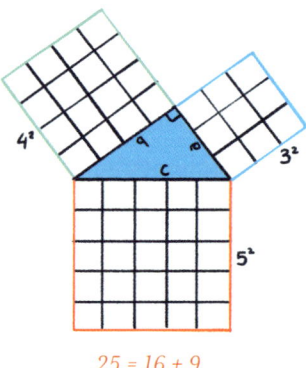

25 = 16 + 9

El teorema de Pitágoras se puede generalizar a otras superficies, y sigue siendo cierto cuando colocas sobre catetos e hipotenusa triángulos, pentágonos o semicírculos semejantes entre sí; en realidad, cualesquiera otras superficies semejantes entre sí.

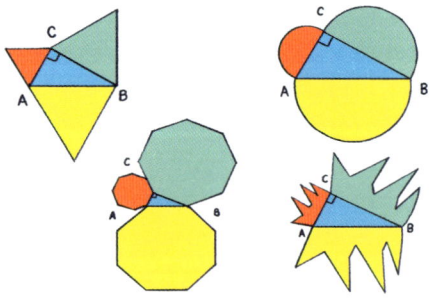

Quien dude de la imagen, que busque en internet: teorema de Pitágoras generalizado.

*
Esa historia está magníficamente contada en el libro del periodista y divulgador matemático inglés Simon Singh *El enigma de Fermat*.

Sin embargo, resulta imposible colocar sobre los lados del triángulo rectángulo nada que no sea plano, esto es, en palabras de Fermat, «la ecuación no tiene soluciones si en lugar de al cuadrado tratamos de encontrar la forma de convertir un cubo en la suma de dos cubos, una potencia cuarta en la suma de dos potencias cuartas, o en general cualquier potencia más alta que el cuadrado en la suma de dos potencias de la misma clase. He descubierto para el hecho una demostración excelente. Pero este margen es demasiado pequeño para que quepa en él».

Esta parrafada ocupaba el margen del libro (ya tenía que tener un margen amplio), pero no era suficiente para las pretensiones de Fermat, demasiado pequeño para poner más información de esa presunta demostración excelente. Cómo de excelente sería, que se convocaron premios para quien encontrase la solución a la que los grandes matemáticos de los siglos posteriores dedicaron muchos esfuerzos. Incluso hay una leyenda que cuenta que Euler —sí, el de los puentes— mandó a un esbirro a buscar en la casa de Fermat entre las láminas de su parquet, por si la respuesta hubiera caído allí, tras no encontrarla en su biblioteca. Todo presunto. Trescientos cincuenta años después, y utilizando matemáticas muy sofisticadas de áreas que parecían alejadas hasta entonces, Andrew Whiles propuso una demostración en 1995 que desde luego no cabía en el margen del libro de Diofanto.

Muchos matemáticos, profesionales y aficionados lo intentaron, y lo siguen intentando. Todos los matemáticos que tenemos una cierta visibilidad pública recibimos periódicamente intentos de demostrar el teorema de Fermat. El último que he recibido es de un industrial alicantino jubilado; lo publica según va avanzando en él en páginas de publicidad de periódicos locales y nacionales. Otras veces nos mandan intentos de cuadrar el círculo o de dividir en tres partes cualquier ángulo. Todos problemas que alguna vez estuvieron abiertos, pero que hoy están por fin demostrados, en sentido negativo, pero cerrados. Pero no hay que desesperar, se aprende mucho intentándolo y viendo dónde nos hemos equivocado. Tratar de resolver problemas y explicar lo que estás haciendo lleva a aprender muchas matemáticas, incluso cuando no lo consigues y te ves obligado a probar otros caminos que puede que conduzcan a alguna parte… o no.

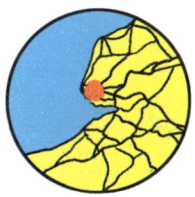

Cuando estoy con mis alumnos es mi obligación —y todo un placer— escucharlos, oír sus comentarios y valorar sus aportaciones. Tienen mucho que decir; de hecho, lo más bonito que alguna vez

he oído en clase de matemáticas me lo dijo un alumno en un año en que trabajé en enseñanza de adultos. Antonio tenía cincuenta y dos años, y había dejado la escuela antes de terminar la EGB para trabajar y aportar algo de dinero a su casa cuarenta años atrás. Con la crisis de 2008 acabó en el paro y volvió a la escuela, a por «el graduado» que no se pudo sacar en los setenta. Antonio era el mejor alumno del grupo y su caligrafía me recordaba a la de mi abuelo. Había conseguido que su vecino Sergio se apuntase a la escuela de adultos y le recibió con una frase susurrada, pero que —como estaban en primera fila— pude oír: «Lleva cuidado, que aquí hacemos matemáticas diferentes… (Me preocupo). Aquí hacemos matemáticas de pensar. (Me emociono, me dan ganas de abrazarle)». Antonio dijo seguramente esto porque en nuestras sesiones había hueco para todos estos problemas. También para problemas como el siguiente.

En 1841 Gustave Flaubert tenía veinte años. Aún no había escrito *Madame Bovary* y estaba estudiando Derecho en París para volverse un hombre de provecho. Gustave era un estudiante mediocre hijo de un importante cirujano normando y tenía una clara vocación por la literatura. Estaba muy unido a su hermana pequeña, Caroline —que tenía entonces diecisiete años—, y que seguía estudiando en el liceo. En sus cartas además de describirle la vida en la metrópolis había espacio para hablar de matemáticas.

«Ya que estás estudiando geometría y trigonometría, te pongo el siguiente problema»:

> *Un barco parte de Boston cargado de algodón, 200 toneladas, en alta mar utiliza las velas camino del puerto de El Havre, el palo mayor está roto, hay un grumete en el puente de proa, viajan 12 tripulantes, el viento sopla este-nordeste, el reloj marca las tres y cuarto de la tarde, es el mes de mayo… ¿Cuál es la edad del capitán?*

Esta *boutade* del autor de *La educación sentimental* fue recogida en los años ochenta del siglo XX por Stella Baruk, investigadora franco-iraní en didáctica de las matemáticas. Stella interrogó a niños y adultos con problemas parecidos al anterior:

> *«En un barco hay 26 corderos y 10 cabras, ¿cuál es la edad del capitán?».*
> *«En una clase hay 4 filas de 6 alumnos, ¿cuál es la edad de la maestra?».*

El objetivo de estos investigadores era ver cómo interpretaban los enunciados los alumnos, si interiorizaban los contextos y significados de los términos o se limitaban a aplicar operaciones que proporcionasen resultados razonables. Los resultados son demoledores, mayorías aplastantes de alumnos respondieron con sumas en el primer caso: 36 años; y multiplicaciones en el segundo: 24 años tendría la maestra, ya que 4 filas de 6 alumnos son 24 alumnos. Los resultados no mejoran demasiado al preguntar a grupos de adultos; pocos eran los que respondían lo único que se puede responder en estos casos: «No podemos saber la respuesta con esos datos». A los encuestados se les preguntó también cómo se habían sentido al responder a estas preguntas, y sus respuestas van desde la incomodidad hasta el enfado. Yo mismo tuve la oportunidad de replicar esta investigación en un artículo en la web Verne, de elpais.com, donde trato de divulgar sobre matemáticas y su didáctica. Era una pregunta dentro de un test de «diez preguntas que se pueden resolver sin calculadora». Estaba el problema de los trenes y también uno de la edad de un pastor que tenía 165 ovejas y 5 perros… El test daba la oportunidad de responder que no se puede saber con estos datos, daba también respuestas numéricas, y aunque 5 perros son muchos perros para 165 ovejas, nadie puso pegas a ese dato inventado. La respuesta preferida por los que realizaron el test fue 33, exactamente 165 entre cinco. El número de ovejas dividido entre el número (inventado) de perros. Tuve bastantes comentarios y algún *mail* muy disconforme porque desde las matemáticas se planteasen problemas cuya respuesta no proviniese de aplicar un algoritmo, un proceso o una operación, tachando a estos enunciados de ser demasiado ambiguos o interpretativos.

Los problemas de matemáticas deben servir para pensar y hacer pensar, para argumentar, razonar y mejorar nuestra capacidad de pensamiento, y por eso problemas con una única solución deben convivir con problemas sin solución, ya sea porque falten datos o porque no la haya, y con otros en los que haya varias e incluso unas mejores que otras, todas acompañadas de sus necesarias explicaciones.

En todo caso, es conveniente que los problemas que se planteen estén vinculados a la realidad, ya sea a través de un cuento o de una situación cercana y vívida, no demasiado hipotética y extraña. Quien haya estado en un aula de primaria —o haya ayudado a un niño a hacer los deberes— sabe que los problemas escolares suelen partir de situaciones cercanas al contexto del niño, pero con un esquema reiterativo que acaba siendo fácil de reconocer. En los libros de texto solemos encontrar una doble página en la que se explica una operación —pongamos una suma— y luego se proponen

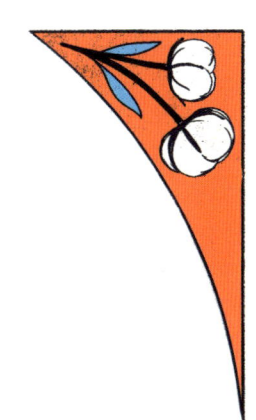

una serie de sumas en dificultad creciente; tras estas vienen unos problemas «de sumar», en los que se dan situaciones de juntar, añadir, reunir... Si pasamos la página muy posiblemente encontraremos las explicaciones de la resta, luego vendrán unas cuantas restas, y luego problemas de quitar, dar, faltar...

¿Y qué pasa cuando se encuentran juntos los problemas de sumas con los de restas? Pues que unas veces sumarán y otras restarán, puede que lo apliquen bien o que utilicen cualquier otro recurso como preguntar: «¿Es de sumar o de restar?».

Hay un experimento muy sencillo que podemos hacer con un niño que tenga seis años o más. Parte de una situación tan sencilla como la de ir al baño. Me lo contó hace poco una maestra que estaba haciendo un curso conmigo. «*Seño*, ¿puedo ir al baño?». «Sí, pero cuenta los pasos que hay desde tu sitio hasta la puerta». A la vuelta, dijo que había 53 pasos. Entonces la maestra aprovechó para preguntar a la clase que si había caminado 53 pasos desde la mesa hasta el baño cuántos habría caminado en total. La primera respuesta era muy interesante. «Ese problema no se puede resolver, los problemas que se pueden resolver tienen dos números». Niños de siete años ya tenían interiorizado el procedimiento de «busca los datos, encuentra la operación». La maestra les insistió en que pensaran. Como no parecían dar con el clic, invitó al niño a ir de nuevo al baño contando en voz alta los pasos que daba, a la ida y a la vuelta. No hizo falta que se pusiera ni en pie, alguien dijo: «Ya lo tengo, *seño*: 106 pasos». La maestra corrió a preguntar cómo lo había hecho, y el alumno dijo: «Sumando». Vaya, esperábamos una multiplicación. Preguntó si a alguien se le ocurría otra forma de calcularlo, y sí, una alumna sugirió que sumar dos veces lo mismo era como multiplicar por dos. Escribieron todos los razonamientos en la pizarra y el cuaderno. Podría haberse quedado ahí, es lo habitual, pero su plan era aprovechar el contexto creado para cubrir más tipos de problemas. Les dijo que iba a ir un momento al baño y al volver les confesó que había ido al mismo baño y que solo había dado 46 pasos. ¿Quién había dado más pasos? Los alumnos estaban advertidos y no cayeron en la trampa de sumar porque dijera «más» aunque alguno sí se equivocó cuando llegó la siguiente pregunta. ¿Cuántos pasos había dado más el alumno que ella? La comprensión del enunciado es fundamental. Los adultos hemos interiorizado qué situaciones se resuelven con qué operación. Eso está bien. Pero no es esa la manera de enseñarlo, el lenguaje es muy sutil y no podemos caer en la tentación

de hacer un listado, una lista de palabras mágicas que hagan que el resto del enunciado se convierta en puro relleno.

Según el método de las palabras clave, si dice «más» es de sumar, salvo que diga «más que», entonces es de restar, haz la prueba: «Joseángel (1,93 m) es más alto que Samuel (1,76 m). ¿Cuánto mide Joseángel más que Samuel?».

Si dice «veces» es multiplicar, si dice «repartir» es dividir. Esto lleva a entender el problema como la aplicación de una o varias operaciones que conducen a un único resultado posible y no parece que eso nos vaya a servir para ser mejores ni en matemáticas ni en nada.

Hay que añadir a esto que los mayores hemos hecho que todos los problemas que se pueden resolver por operaciones aritméticas (que ya hemos visto que no son todos los problemas) se hagan por alguna de las operaciones usuales. Somos los adultos los que hemos estereotipado los problemas como «de restar» cuando para ellos son algo mucho más diverso. Un ejemplo podría ser el siguiente problema, también elemental:

Tenía 5 coches y mi madre me regaló unos pocos más, así llegué a tener 8 coches, ¿cuántos me regaló mi madre?

Este problema se puede resolver de muchas formas y cuando preguntamos a alumnos cómo lo han hecho te dan respuestas que van desde «contando desde 5 con los dedos: 6, 7 y 8» hasta «restando 5 a 8», pasando por «porque sé que 5 más 3 son 8». Si tienes a mano a un niño o niña de cinco o seis años haz la prueba, dale palillos, tapones o cualquier material para contar o dibujar, hazle preguntas y presta mucha atención a sus respuestas.

Decía al principio que los problemas me habían ayudado a entender cómo piensan los niños: como vemos, de manera mucho menos reduccionista que los mayores. Hay un ejemplo que me hace pensar que algo estamos haciendo rematadamente mal en la escuela si hay problemas que se pueden resolver bien a los cinco años y no se saben resolver a los ocho ni a los nueve:

¿A qué sabe la luna?

En el álbum ilustrado de Michael Grejniec, los animales querían saber cuál es el sabor de la luna, ¿sería dulce o salada? (Debo advertir de que los siguientes párrafos contienen *spoilers*).

Los animales, determinados a resolver su problema, deciden construir una torre, un pequeño *castell* de animales. La luna, temerosa, se va alejando del elefante, del león, de la jirafa o del zorro, hasta que confiada de que el pequeño ratón no podría hacerle daño no se aparta, y este acaba arrancándole un pedacito que comparte con el resto de animales. Todo seguido por un pez con incredulidad desde el lago donde tiene una luna para él solo.

Usando este cuento como contexto para cualquier problema de repartos se planteó a un grupo de alumnos de cinco años el siguiente problema de repartos:

Ratón ha entregado 7 trozos a Elefante y solo 3 a Tortuga, Elefante no está contento con ese reparto porque no quiere tener más trozos que Tortuga. ¿Cuántos trozos tendrá que darle Elefante a Tortuga para que tengan ambos los mismos trozos de Luna?

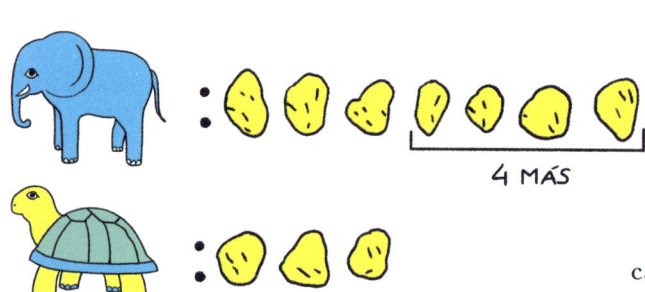

4 MÁS

Es un problema muy simple, no sorprende saber que una mayoría de niños de cinco años lograron encontrar que son 2 los trozos que tiene que dar Elefante a Tortuga. Para llegar a esta solución utilizaron esquemas, dibujos o cálculos con palitos y tapones. A la operación de transformar un problema en algo más comprensible utilizando materiales se le llama modelizar. Algunos alumnos usaron estrategias de ensayo y error: probaban a darle uno y comprobaban que no tenían los mismos, luego probaban a pasarle el segundo y veían que sí. Otros grupos desarrollaron estrategias mucho más sofisticadas: poniendo en paralelo los trozos que tenían Elefante y Tortuga apartaban los 4 que tiene Elefante más que Tortuga, y luego los dividían en dos grupos de 2 que son los que tiene que dar el paquidermo a la tortuga, luego explicaban con un esquema o dibujo lo que habían hecho…

Preguntar por estos procesos nos informa del estado en el que se encuentra el pensamiento de los niños. Además, el tener que expresar cómo lo han hecho les da la oportunidad de desarrollar sus competencias de comunicación. Lo que más me sorprendió fue saber que si se hubiese planteado un problema equivalente a niños un par de años mayores los porcentajes de respuestas correctas bajarían. ¿Por qué? Fundamentalmente porque están convencidos a esas edades de que los problemas de matemáticas no se modelizan, sino que se tienen que resolver haciendo números y operaciones. ¿Y no se puede resolver este problema haciendo cuentas? Se puede, pero las operaciones que tiene este problema son complejas para un niño de siete u ocho años. Para saber que son 5 trozos los que hacen que Elefante y Tortuga estén en paz hace falta hacer una media aritmética, esto es, una suma y una división: (7+3)/2. ¡Y todavía no habrán terminado! (Porque preguntaba cuántos tiene que darle uno al otro). Falta ver los que hay que dar si tienes 7 para llegar a tener 5, o que recibir si tenías 3 y quieres tener 5. Tres operaciones y varias etapas. Todo un mundo para niños tan pequeños. En didáctica este problema recibe el nombre de problema «de fácil modelización, pero difícil solución aritmética». Creo que se explica sola la compleja frase anterior. Añade que los niños de cuarto de primaria (nueve años) sí saben dividir, pero están aplicando sus operaciones a números de más de 3 dígitos, o sea, que de encontrar un problema como este sería con unos 23 517 trozos de luna, y a ver quién junta todos esos tapones. Se les suele aconsejar que traten de pensarlo con números más pequeños, pero si a Elefante le dieron 23 517 trozos de luna no le dieron 7, ni 17, le dieron 23 517...

Tenemos que acostumbrarnos desde niños a resolver problemas que no sean solo de aplicar una operación, y que no sea la operación que están viendo en ese momento, que no sean una excusa para hacer cuentas. Si tenemos niños en nuestro entorno deberemos facilitarles materiales para dibujar y modelizar los problemas y que los números de los que partan sean accesibles a su imaginación. También sería interesante que fuesen los problemas los que nos condujesen a las operaciones y no al revés. Hacer muchos problemas de reparto (¡como puedan!) antes de explicar la división, por poner un ejemplo. O que hagan muchos problemas de poner juntos, de unir, de partes y totales... antes de introducir la suma.

Ejercicios

1 ❖ He aquí otro problema de trenes para pensar, si necesitas una pista debo decir que a) no faltan datos, b) conviene considerar varios puntos de vista:

Cuando arranca el tren de Madrid (a las 11 h) Supermosca —que se encontraba en su parabrisas— se despierta y parte a toda velocidad dirección Cádiz. Teme que el tren vaya a chocar con el que viene de Cádiz. Supermosca es capaz de volar a 300 km/h, sabe además cambiar de sentido de forma instantánea. Al ver de frente el tren de Cádiz, da un rápido giro en el aire y se coloca otra vez a 300 km/h dirección Madrid, proceso que repite varias veces hasta que observa felizmente (a las 13 h 14 min) que los trenes no van por la misma vía y saluda, exhausta, a los conductores. En ese momento, ¿cuántos kilómetros habrá volado?

2 ❖ Este es un problema basado en hechos reales:

Un tren sale de Madrid dirección Murcia a las 9 h. Va a velocidad, que suponemos constante, de 120 km/h (sí, el tren Madrid–Murcia es muy lento). Dos horas más tarde sale el tren de Murcia dirección Madrid. ¿A qué distancia de Murcia estará parado el tren para que se crucen (ya que va por vía única y sin electrificar)? La distancia entre Madrid y Murcia es de 400 km.

3 ❖ No hay quien pueda recorrer Königsber sin repetir puente y pasando una sola vez por cada uno. Bueno, en realidad no hay quien pudiera. Como decíamos antes, tras los bombardeos aliados de la Segunda Guerra Mundial el mapa de la actual Kaliningrado es más o menos como este: Un ejercicio interesante es el de construir el grafo de la ciudad de Kaliningrado y ver si se puede recorrer, volviendo al punto de origen o sin volver. ¿Lo haces?

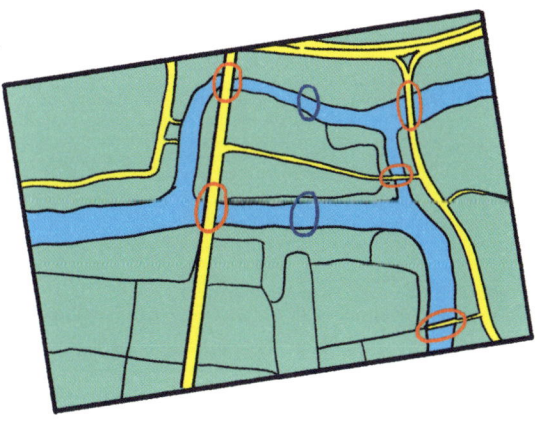

UNO Y UNO SON ONCE

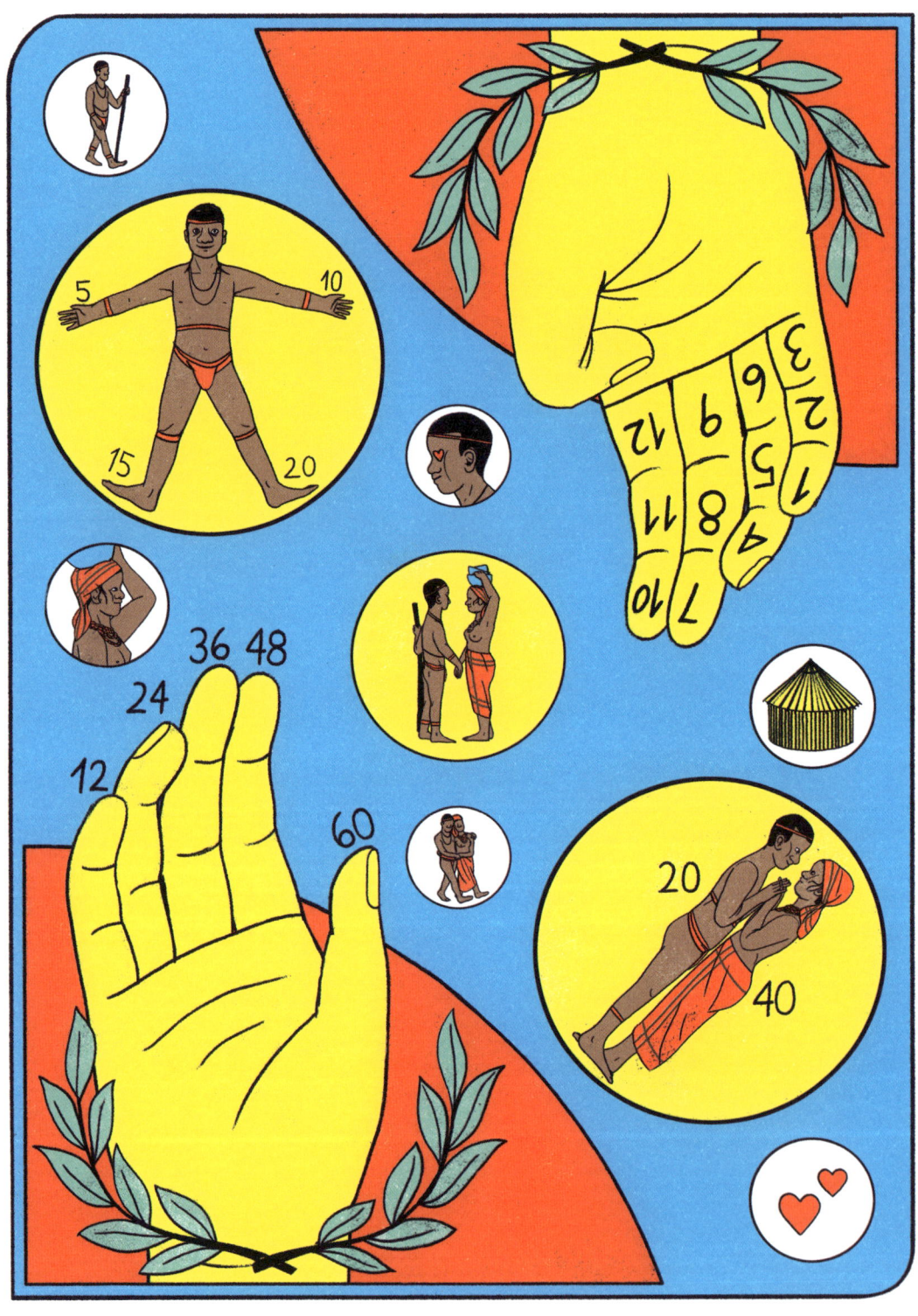

CAPÍTULO 2

Cayo y Ticio van a patrocinar al auriga Sempronio. Este les deman-
da MMMD denarios al mes. Cayo va a aportar MMCCCLXI denarios.
¿Cuántos tendrá que poner Ticio?

Ticio tiene que aportar la cantidad que le falta a MMCCCLXI para ser MMMD, hay varias maneras de ver eso, la más usual será la de restar del total la parte que aporta Ticio, así que vamos a hacer una resta con números romanos.

Tomar dos miles (M) del total es sencillo, porque tengo tres, pero no hay ni centenas (C) ni cincuentas (L), ni dieces (X), ni palitos… Lo que tengo que hacer es cambiar, como quien pide cambio para la máquina de aparcar: convertir los 500 que representa la D en cinco centenas, la última de ellas la vuelvo a cambiar en L + XXXXX y la última de esas decenas en VIIIII.

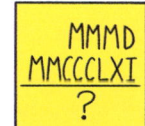

MMMD − MMCCCLXI = MMMCCCCLXXXXVIIIII − MMCCCLXI =
MCXXXVIIII que si incluimos la regla de que VIIII = IX, se escribe
MCXXXIX

Todo lo que hemos hecho en el párrafo anterior es una impostura, un fraude. Los romanos verdaderos utilizaban *la calculadora* para hacer estas cuentas. Concretamente utilizaban al calculista para hacer estas cuentas. Este tampoco gastaba pergamino y tinta, sino que recurría a la tecnología; muy posiblemente usaría un ábaco si estaba fuera de la oficina, si no una tabla de cálculo. Los romanos que hacían algo tan vulgar como hacer cuentas (el cálculo, un tedio contrario a los dioses, no era tarea de nobles) utilizaban ábacos de metal portátiles o tablas de cálculo, que eran grandes tablas con líneas paralelas talladas en las que iban poniendo y quitando piedras para hacer cada operación.

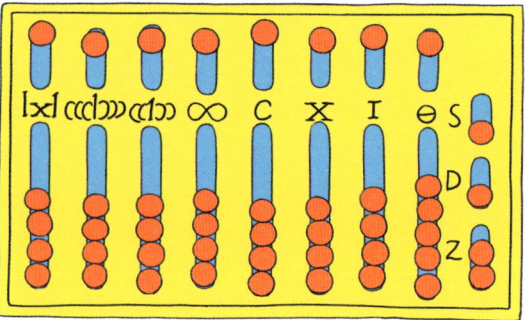

En este ábaco portátil romano no se representaban ni la V
ni la L, y el 1000 se escribía con el símbolo de nuestro infinito.

Cada línea tenía diferente valor: si en la línea de las emes había tres piedrecitas, teníamos un 3000, si en la línea de las ces no había ninguna piedra es que el número no tenía cientos… Como piedra en latín se decía *calculus*, no parece raro que poner y quitar piedras en filas se dijera, y se diga, calcular —también se llaman cálculos las piedras del riñón y a menudo duelen—.

La operación que hemos hecho con letras se haría con guijarros, pero consistiría en tomar una piedra que valía D (500) y —como quien pide cambio para la máquina en el bar— colocar 4 piedras en C (100), 1 en L (50), 4 en la X del 10, 1 en la V y 5 monedas en el palito que valía la unidad, I. Total, un buen puñado de cálculos. Ahora es cuando procedería a retirar los que indica el sustraendo. Llegados al final del proceso se veía si había posibilidad de reagrupar alguna cantidad o de utilizar alguna técnica para que el número se leyese mejor, como la de escribir IIII (cuatro palitos) como IV (uno menos que cinco). Ese era el momento en el que el calculista decidía cómo se escribía y quedaba mejor el número, justo antes de ponerlo en el documento o en la estela, una vez traducido a palitos y letras. Bueno, letras todo, como me hizo ver una maestra de infantil. Si llamamos equis a X, deberíamos llamar i al palito. Conviene observar que los números romanos valen lo mismo independientemente de la posición que ocupen, esto es, todas las emes valen 1000, todas las ces valen 100... y todos los palitos valen uno. Incluso el que hemos puesto delante de la V vale 1, aunque sea «uno menos». Es por eso que decimos que su sistema de escritura de números no era posicional.

Y aunque solo fuera a la hora de escribirlo notamos que los números se agrupaban de 5 en 5 y de 10 en 10, también en grupos de 50 y de 100..., o sea, grupos de 5 y de 10 y de cinco dieces y de diez dieces... No es muy atrevido suponer que esta forma de agrupar los *calculi* está relacionada con que tengamos cinco dedos en una mano (y diez en las dos). No serían los primeros, ni los últimos en hacerlo, los inuits utilizan un término que suena parecido a *una mano* para decir cinco.

Otra forma de agrupar que se viene a la cabeza es la sexagesimal, la de los 60 segundos que tienen que pasar antes de consumir un minuto (una unidad de orden superior). Muy relacionada con esta, aunque menos usual, está la base 12, la de los huevos que tiene que haber para completar una docena. La base 10 estaba antropomórficamente justificada, pero ¿y la 12? Mira la palma de tu mano y pasa el pulgar por cada una de las tres falanges que tienen los otros cuatro dedos. Doce. Si quieres seguir contando usa un dedo de la otra mano para indicar que has completado una docena, cuando acabes las dos manos habrás contado cinco veces 12, que son 60. Tocará apuntar una unidad de orden superior.

De las épocas y lugares en los que manos y pies iban desnudos conservamos sin duda vestigios de base 20: los malinkés del oeste africano utilizan la palabra *un hombre completo* para decir «veinte» y *un lecho* para «cuarenta», dando a entender que tumbados —y en pareja— podemos llegar a 40 deditos si contamos sin distraernos. También nuestro idioma tiene vestigios de estas otras bases: el propio nombre de *veinte* no parece provenir de nada parecido a *dos dieces* como sí que hacen los nombres de las siguientes decenas completas: *treinta* está claramente relacionado con *tres*, *cuarenta* con *cuatro*, etc. En otros idiomas el *sesenta y diez* de los franceses es la forma en que se dice «setenta» *(soixante-dix)*. También en francés expresan la base 20 para decir «ochenta» *cuatro veintes (quatre vingts)*. Debe de ser que en Francia caminaron con los pies descalzos más tiempo que en otros lugares.

La necesidad de contar cosas ha convivido siempre con el uso de *tecnología* para apoyar el conteo. La primera *calculadora* que nos ha llegado tiene forma de palo, aunque si ha llegado hasta la actualidad es gracias a que está hecha con el peroné de un babuino. Me refiero al hueso de Ishango, al que le calculan unos 22 000 años de antigüedad. Este utensilio del Paleolítico tiene marcas —palitos— que se pueden identificar como unidades en varias de sus caras, por lo que caería dentro de la categoría de *palo contador*. El contable avanzaría con su dedo para sumar o contar y retrocedería cuando hubiera que descontar o restar; cuando completase un palo podría marcar con una piedra que «se llevaba una» y volver a empezar de cero. Hay quien piensa que el hueso de Ishango es más que un palo contador. Lo dicen porque dos de sus caras tienen exactamente 60 marcas, y en una de ellas, las sesenta marcas están agrupadas como 11, 13, 17 y 19: ¡los cuatro números primos que hay entre el 10 y el 20! Nos habla de que nuestros antepasados conocían la base 60 y hasta los números que no admiten divisiones en más partes que la unidad y ellos mismos. Sea como fuere, está claro que no fueron los romanos los primeros en representar el número 1 con un palito.

El hueso de Ishango

Otras culturas se apoyaron en otros aparatos para ayudarles a contar, como el quipu que tenían los incas, que consistía en unas cuerdas anudadas en las que también se avanzaba y retrocedía. Tenían también su propio ábaco, la yupama. Los ábacos que han llegado hasta hoy son los que estaban hechos con huesos, piedras y metales, no los que le dieron el nombre al instrumento, ya que la palabra viene del griego; para los helenos significa «mesa de cálculo». Pero no se conserva ninguno, ya que el ábaco griego viene del hebreo, donde *abaq* significa «polvo». Los griegos solían hacer sus matemáticas sobre la arena, ya fuera en la misma playa —donde cuenta la leyenda que le dieron muerte a Arquímedes abstraído en sus operaciones— o en pizarras móviles, que consistían en una tabla con marco que colocaban en el suelo y en la que escribían con un palo.

Las operaciones que hacían los abacistas —generalmente técnicos— no eran muy sofisticadas, no iban mucho más allá de sumas, multiplicaciones y alguna división sencilla. No se demandaba mucho más, aunque los Cruzados que volvían a Europa de hacer la guerra en Oriente Medio, traían historias de comerciantes que hacían sus propias cuentas de manera rápida y ágil, y sin necesidad de intermediarios. La Iglesia medieval atribuía esa rapidez a que esas técnicas estaban con toda seguridad inspiradas por el diablo y en Europa se seguirían utilizando mesas de cálculo de forma masiva hasta bien entrado el siglo XVI. *

Durante un taller con niños de tercero de primaria me ofrecí a resolver sus preguntas y Álvaro, un niño de nueve años, me preguntó —preocupado— por el origen de los números. Temía que fuese verdad lo que su compañero de pupitre —Mohamed— le había dicho: que los números «los inventamos nosotros, los árabes».

Ya sabemos una posible respuesta a esta pregunta: no, los números los inventó algún antepasado nuestro que necesitaba apuntar las provisiones que quedaban o la cantidad de ganado que le pertenecía (y muy probablemente los escribió con palitos), pero estoy convencido de que Álvaro no se refería a los números de contar, sino a las cifras, los símbolos con los que escribimos los números y la forma en que estos se combinan para formar palabras. Llamamos árabes a nuestros números y eso es inexacto: nuestras cifras no fueron inventadas por los árabes, pues versiones arcaicas de nuestras cifras se usaban ya a principios de nuestra era en la India. Los árabes mantenían relaciones fructíferas con la India, y admiraban el talento de sus matemáticas y su tremenda creatividad. Da muestra de esa creatividad que utilizasen decenas de nombres para designar cada cifra. Los astrónomos y matemáticos hindúes escribían muy pocas veces las cifras, ya que ocupaban muchas veces un valor simbólico y religioso. Se recitaban como mantras en las oraciones y se memorizaban y compartían como poemas. Uno se decía *eka*, pero también *pitamaha* (que significa Brahmán, el primer padre). El primer número natural también era llamado «el principio» o «el cuerpo», «el planeta».

*

Hoy seguimos encontrando empresas que proponen actividades extraescolares de ábaco para niños a partir de cuatro o cinco años. Los niños adquieren gran capacidad de visualizar números grandes y un cálculo mental sorprendente (aunque las calculadoras siguen siendo más rápidas). Los niños son fascinantes y muy capaces de hacer cosas increíbles también si les apuntas a guitarra o a natación. Si me preguntas si debes apuntar a tu hijo a ábaco yo siempre te diré lo mismo: si te gusta, no lo dudes. A mí me suena mejor una viola aún desafinada o una pelota de baloncesto cuando entra limpia en la red, pero si a ti las cuentas del ábaco te suenan bien, no lo dudes.

¡Para decir «uno» podías utilizar cualquier palabra que designase a la Tierra o a la Luna! Para decir «dos» podías utilizar *Asvin* (los dioses gemelos), pero también *netra* (los ojos) *bahu* (los brazos) o cualquier parte del cuerpo que fuera par... Pero lo mejor era que tenían también un número indefinido de nombres para decir «cero»: vacío, nada, cielo, aire... Era una manera tremendamente eficaz para recordar números largos: transformarlos en poemas. Un número muy corriente para ellos era 4 320 000, un *caturyuga*, que era uno de sus múltiples (y larguísimos) ciclos religioso-astronómicos, puramente especulativos. «Cuatro millones trescientos veinte mil» se podía decir: *viyadambarakasasunyayamarama-veda*. Aunque parezca difícil de pronunciar —y sea suicida intentarlo mientras comes polvorones— es una manera muy mnemotécnica de recordarlo. Significa «cielo, atmósfera, espacio, vacío, la pareja primordial, Rama, Veda», o sea, «0, 0, 0, 0, 2, 3, 4». Ten en cuenta que Rama tuvo 3 madrastras y que Veda, el libro sagrado hindú, está dividido en 4 capítulos. Y sí, los matemáticos hindúes recitaban y escribían los números al revés que nosotros y, mucho más importante, para escribir o recitar un número grande solo había que añadir muchos aires, vacíos y nadas, o tierras, lunas y seres primigenios. A más «cielos», mayor era el número, como si multiplicas tu sueldo por 10, le añades un 0 y ya es diez veces mayor. Ojalá fuese tan sencillo. A los matemáticos hindúes les encantaban los números enormes, y habían encontrado una manera fantástica de escribirlos: la posicionalidad.

¡Lo bien que le habría venido a Galba que los números romanos hubieran sido posicionales! El historiador del siglo II Suetonio cuenta que, antes de llegar a ser uno de los cuatro efímeros emperadores que hubo en el año 69 de nuestra era, Galba reclamó al emperador Tiberio unas cantidades de la herencia de la madre de este. Galba tenía el favor de Livia, mujer de Augusto y madre de Tiberio, que había dejado en su testamento la cantidad de CCCCC rodeada de tres líneas por los lados y arriba. El tacaño Tiberio interpretó la cantidad como CCCCC con una línea arriba, o sea 500 000 sestercios y no los 50 000 000 que esperaba Galba. ¡Cien veces menos! Tiberio dejó escrito que de haber querido Livia donarle esa cantidad la habría escrito así:

Mientras en Europa seguíamos discutiendo por si las letras estaban bajo rayas o bajo cajas, los matemáticos hindúes las multiplicaban por 10 o por 1000 añadiendo (al principio) cielos, aires, nubes y vacíos. Los matemáticos hindúes utilizaban 10 cifras, tantas como dedos tenemos en las manos. Y aunque preferían recitarlas utilizando sus profusos sinónimos, también tenían nombres propios. En sánscrito contar de 1 a 9 sonaba parecido a esto: «*Eka, dui, tri, catur, panca, sat, sapta, asta, nava*». Y el 0, que no servía para contar, se decía *sunya*, «vacío». Estos avances se conservaron, interpretaron y ampliaron en la obra de los grandes matemáticos árabes, que hubo bastantes. A uno de estos grandes padres de las matemáticas le mencionamos inconscientemente cada vez que hablamos de «algoritmo». Un algoritmo es un conjunto de operaciones que conducen a un cálculo o solución de un problema; por eso podemos hablar del algoritmo de la suma, de la resta con llevadas, del algoritmo que da el orden de las búsquedas en Google o del algoritmo de la tortilla de patatas —con cebolla, por favor—. La palabra *algoritmo* —o *algorismo*, como se decía en el siglo XVI— se tomó directamente del nombre del matemático Al-Juarismi; también la palabra *guarismo*, hoy en desuso. La obra principal de este matemático persa musulmán se lee como «Hisab al-yaber wa'l mucábala». Es un libro de divulgación de las matemáticas que se conocía en la corte del califa al-Mamun en Bagdad en la primera mitad del siglo IX. Al-Juarismi sentó las bases de lo que hoy llamamos álgebra, término que proviene —como ya habrás adivinado— de *al-yaber*, que significaba «reintegración, recomposición». Al-Juarismi ya entendía el álgebra como un dominio en el que podías asignar distintos valores a objetos desconocidos. Por cierto, en el *Quijote*, Sancho buscaba un «algebrista» que pudiera recomponerle los huesos tras una paliza: en el intercambio de palabras entre español y árabe un algebrista era un traumatólogo. Los huesos, siempre vinculados con las matemáticas.

Los *algorismos* viajaron con la Ruta de la Seda difundiéndose por todo el sudeste asiático y el norte de África y dieron el salto a la península ibérica en algún momento del siglo IX o X, pero sin conseguir difundirse por Europa. Poco faltó, porque en sus visitas de formación en la península, Gerbert d'Aurillac —que llegaría a ser proclamado papa (Silvestre II, el papa del muy esotérico año 1000)— estudió, conoció y difundió las cifras del 1 al 9, ya que el 0 aún no había cruzado el Mediterráneo. Podemos verlo por escrito ya en el *Codex Albeldense* (o *Vigilano*), que narra la vida visigoda del siglo IX en la ciudad de Toledo. •

Al menos a partir de Gerbert los abacistas utilizarán, en lugar de piedras, fichas de hueso rotuladas con un número. En lugar de 6 o 7 guijarros en el valor de las centenas, una única ficha con la inscripción del 6 o el 7 correspondiente ya es un avance en el terreno de la abstracción. Aunque parezca poca cosa estaba avanzando el valor posicional, una ficha con la inscripción del 4 en la posición de los cientos vale 400. Todavía faltaban más de dos siglos para que nos enterásemos en Europa de que había un 0 y bastantes más para que empezásemos a utilizar la forma de operar de los árabes, sin duda inspirada por el diablo… de los números.

Hubo que dar otro salto en el tiempo (otros doscientos años) y volver a cruzar el Mediterráneo para que se diera el siguiente intento de implantar los *algorismos* en la matemática escolástica. El protagonista de esta historia es un Leonardo, pero no el célebre inventor nacido en Vinci en 1452, sino un paisano suyo nacido en Pisa casi trescientos años atrás. El padre de Leonardo, Guglielmo Bigollo, era un conocido comerciante al que apodaban Bonacci —el Simple o el Bonachón—. Así nuestro Leonardo pasó a la historia como Filius Bonacci, el Hijo del Bonachón, y de ahí Fibonacci. Nunca me gustaron los apodos, pero vamos a referirnos a nuestro protagonista por el suyo para que no nos confundamos con su paisano renacentista.

Está empezando el siglo XIII y en el norte de Italia el comercio es una actividad emergente. En 1254 nacerá Marco Polo y conoceremos sus fabulosos viajes que inspiraron a tantos —Colón viajaba con una copia anotada de estos—. Fibonacci acompañaba al bueno de su padre en sus viajes comerciales al norte de África. Allí llegaban las caravanas de las especias y sedas orientales. Podemos imaginar a nuestro héroe en un zoco tomando contacto con la nueva forma de calcular que los comerciantes árabes habían traído con ellos desde la India. Fibonacci pudo observar que los comerciantes árabes anotaban sus números muy eficientemente. Otros lo habían hecho antes que él, pero no atribuyó estas operaciones al maligno, sino que se puso a estudiarlas. Aprendió que habían resuelto la difícil cuestión posicional, y podían expresar y operar números considerablemente grandes minimizando los errores. Fibonacci viajó por todo el norte de África, llegando hasta Egipto, indagando y formándose en esta nueva idea. Cuando volvió a Pisa publicó en 1202 su *Liber abaci*. Libro de ábacos, ¡ábacos! ¿Cómo es posible? ¿No decíamos que Fibonacci introdujo los *algorismos* en Europa? Sí,

lo que hacía en su libro era divulgar la nueva forma de operar que había aprendido de los comerciantes árabes. ¿Por qué lo llamó libro de ábacos? Como hemos dicho, el gremio de los calculistas, que trabajaban con ábacos, tenía bastante poder; aunque eran técnicos, sus estudios y trabajo estaban validados por la escolástica medieval. Lo que venía de fuera podía ser tomado por herético. Sin embargo, los abacistas tenían el visto bueno de la Iglesia. Es posible que Leonardo o su editor esquivaran los riesgos cambiando el título del volumen. Lo bueno es que funcionó. Tampoco fue inmediato y, como dijimos, en el siglo XVI todavía se utilizaban las mesas de cálculo. El empujón definitivo a los algoritmos (que hoy llamamos tradicionales) se lo dio el desarrollo de la banca en el norte de Italia en el siglo XV. Como veremos más adelante y sabe cualquiera que haya pedido una hipoteca, un préstamo acarrea muchas operaciones matemáticas, y el ábaco no era suficiente para tanto volumen. Ser capaz de hacer muchas operaciones de forma rápida y en poco espacio se convirtió en una competencia muy valorada en aquel momento. Lo cierto es que por economía y pura necesidad la forma de hacer los cálculos que propuso Fibonacci acabó imponiéndose y se mantuvo, con pocos cambios, como la manera oficial de «hacer las cuentas» durante los ocho siglos siguientes, y más allá, porque todavía hoy en la escuela se siguen enseñando algoritmos muy semejantes a los que Leonardo contaba en su libro de ábacos. Algoritmos que llamamos tradicionales (no parece mal nombre) y que tienen como principal virtud que gastan poco tiempo y papel. Como principal inconveniente: no son especialmente comprensibles, algo que veremos en los siguientes capítulos. En paralelo avanzaba la tecnología contable. El primer empujón se lo da en 1642 el filósofo y matemático Blaise Pascal, que diseñó y fabricó la primera calculadora mecánica, para ayudar a su padre, que era contable. Su máquina —conocida como «pascalina»— es capaz de hacer sumas y restas, y por tanto multiplicaciones y divisiones como sumas o restas repetidas. Pascal estaba abriendo la puerta a las calculadoras, que a pesar de todo no terminaron de entrar en la escuela, siempre reticente a hacer las cuentas con ayuda.

No estoy diciendo que en la escuela no debamos enseñar a sumar o a dividir, sino que ya no es un requisito para ser competente saber hacer muchas operaciones con exactitud en un espacio limitado y en el menor tiempo. Mucho mejor sería ser capaz de realizar estimaciones rápidamente, para poder validar las soluciones que nos presentan las máquinas. Si miramos qué se valora hoy, y lo comparamos con lo que pueden proporcionar las matemáticas, encontramos otras aptitudes, como ser capaz de interpretar correctamente los datos, resolver problemas, o tener una buena visión espacial. Sin embargo, la aritmética o el álgebra ocupan bastante más de la mitad del tiempo de la clase de matemáticas en educación obligatoria. ¿No les estaremos dedicando demasiados recursos?

Este gadget *no se conectaba a internet ni te daba los pasos intermedios de las operaciones, pero ahorraba un buen puñado de cálculos.*

Ahora ya sabemos que número y cifra son cosas distintas. Cuando contamos hasta 5 estamos pensando fundamentalmente en números y esto es independiente de que lo representemos como V, 5, IIIII o como la letra *E* (que es la quinta o la que ocupa el lugar número 5 en el alfabeto) o de cualquier otra forma que acordemos. Cada uno de los símbolos que constituyen nuestros números recibe el nombre de *cifra*. El número 25 tiene dos cifras, 2 y 5, valiendo la primera 20 y la segunda, 5. Otro ejemplo que muestra que nuestro sistema es posicional es que 52 tiene las mismas cifras, pero distinto valor. Cuando hoy leemos o escribimos un número, por poner un ejemplo, el teléfono de emergencias: «ciento doce», 112, es evidente que los unos que ocupan la primera y la segunda posición tienen distinto valor.

Un momento, ¿dije «evidente»? Me precipité: en matemáticas no hay nada evidente, las afirmaciones en matemáticas se demuestran. De hecho, muchos al nombrar el teléfono de emergencias lo hacen cifra a cifra, sin tener en cuenta su valor posicional. Dicen «uno, uno, dos». Si lees los números cifra a cifra, no hay valor posicional que valga. Si lo lees como «ciento doce», sí: el primer 1 ocupa el lugar de las centenas, vale una centena o un cien. La segunda cifra del número ocupa la posición de las decenas; podríamos leerla como «un diez». El 2 está en las unidades; vale propiamente dos. El primer 1 y el segundo no tienen el mismo valor. Como queríamos demostrar.

Podríamos descomponer 112 como 100 + 10 + 2, «cien, diez y dos», aunque lo llamemos «ciento doce». Está descomposición no es la única posible. Ya que podríamos separar 112 como suma de otras muchas cantidades: 112 es 80 + 32, es 60 + 50 + 2, es el doble de 56 o 55 + 55 + 2... Es muy positivo que seamos lo más flexibles que podamos al mirar los números, porque eso nos permitirá hacer cálculos mentales más rápidos y con más sentido, menos apegados a los algoritmos o a los trucos que podamos saber de memoria. También podremos relacionar conceptos matemáticos y resolver mejor los problemas.

Al separar los números en unidades, decenas, centenas... estamos echando mano, sin darnos cuenta, de otra propiedad fundamental de nuestros números, y esta es que se escriben en base 10. Fíjate: cuando cuentas con las manos (nuestro más próximo utensilio contador) llegas a 10, anotas mentalmente una decena completa y sigues contando; solo que como el idioma castellano es irregular (también para las matemáticas), en vez de decir «diez y uno» dices «once», «diez y dos» son doce... hasta caer en los regulares: 16, 17, 18, 19 y... ¿diecidiez? No, «los mayores lo llamamos veinte». Los idiomas que no presentan esta irregularidad en el nombre de los números facilitan el aprendizaje de estos. Once en mandarín se dice *shí yi*, literalmente «diez uno». Al finalizar otras dos manos nos apuntamos dos decenas completas, un 2 en el lugar de las decenas y empezamos con el contador a cero en las unidades; ese es el significado íntimo de 20: dos decenas completas y nada más.

Con números más grandes ocurre algo parecido. Como sabes, cuando completamos diez decenas, decimos que tenemos una centena y ponemos el contador de decenas y unidades a cero.

Posiblemente la primera abstracción con la que nos encontramos en la escuela es la de que «uno y uno son once». He escuchado a decenas de niños de cuatro o cinco años repetir —a la manera en que repiten las cosas en esas edades— que uno y uno son once. Han percibido una discrepancia entre eso que les enseñamos de que «uno más uno es dos» y que el número que va después del 10 se escriba con dos unos. Demasiadas veces el paso de la decena se hace «de memoria», mostrando que el siguiente al 10 es el once. O coloreando bolitas en ábacos dibujados en una ficha de papel. Es muy interesante trabajar en profundidad pidiendo que formen colecciones que sean «tantos como los dedos de las manos», para que 11 sea diez objetos agrupados y uno suelto.

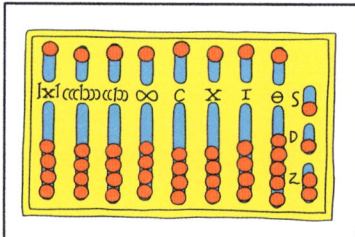 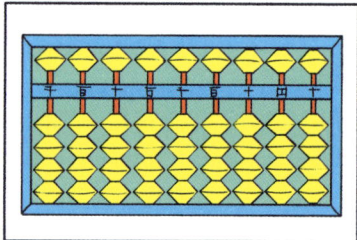

Tanto en el ábaco romano (izquierda) como en el japonés o soroban la cuenta de arriba vale como cinco cuentas de abajo.

Una experiencia que muestra la necesidad de agrupar en decenas consiste en tirar sobre la mesa un buen puñado de palillos y preguntar cuántos hay. Tras notar que va a ser una tarea complicada podemos proponer hacer grupos más pequeños para llegar a contarlos todos. ¿De cuántos palillos hacemos cada grupo? «De tantos como los dedos de las manos puede estar bien». Con bandas elásticas podemos ir agrupando cada decena. Y si juntamos muchas decenas podremos agruparlas en una centena...

Pero ojo: lo que acabamos de hacer es un paso de abstracción muy importante, no lo debemos hacer en falso ni porque lo diga el adulto o el libro, sino después de habernos perdido contando muchas veces y haber reconocido cantidades familiares como los 30 días de un mes, los 27 niños que hay en clase o las patas que tendrían 6 ponis. Los palillos o los palitos de polo, que no pinchan, o los tapones reciclados no pueden faltar a la hora de modelizar números razonables, a la hora de hacer las primeras sumas y restas o las primeras multiplicaciones.

Así podríamos representar con palitos los números más corrientes de nuestro entorno: los años que tenemos cada uno, la fecha de nuestro cumpleaños o el número de escalones que tiene la escalera hasta nuestra casa, si no es un bajo.

Conviene utilizar palitos profusamente, como poco, hasta que se entienda con naturalidad que diez decenas también se agrupan para formar una centena, algo que ocurre en la escuela entre los cinco y los siete años.

1 Mickey Mouse, los Simpson y gran parte de los dibujos animados tienen solo 8 dedos en sus manos. ¿Crees que contarán en base 10? Supón que cuentan en base 8. ¿Conocerán el símbolo «9»? ¿Cómo escribirán con cifras el número 9? ¿Y el 16? ¿Cómo escribirán el 40? ¿Y el 256?

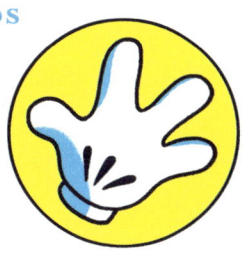

2 En base 2 se escribe solo con las cifras 0 y 1. Un número como el 10101 escrito en base 2 se interpreta como: 10101 = 1 x 16 + 0 x 8 + 1 x 4 + 0 x 2 + 1 x 1.

Los primeros 16 números en base 2 son:

1	1	5	101	9	1001	13	1101
2	10	6	110	10	1010	14	1110
3	11	7	111	11	1011	15	1111
4	100	8	1000	12	1100	16	10000

Podemos ver que 7 o 15 se escriben solo con unos y que 1, 2, 4, 8 y 16, las potencias de 2, se escriben con un solo uno. Escribe los siguientes números y encuentra el primer número de dos cifras en base 10 que es capicúa en base 10 y en base 2.

3 Opera los siguientes números romanos:
   a. XX + XVI
   b. LXVII – XXI
   c. DXCV + MVI
   d. MCM + CXXXI

4 Escribe todos los números romanos pares menores que 1000 que necesitan dos símbolos para escribirse.

5 En el mundo de la divulgación matemática, Fibonacci es bien conocido por plantear y resolver este problema de crecimiento de poblaciones: «Tenemos una pareja de conejos inmaduros en un lugar cerrado. Esta es capaz de engendrar a otra pareja que nace

un mes después y que será reproductiva en otro mes. ¿Cuántos conejos podremos tener en un año?».

Mes	Explicación	Parejas de conejos
Mes 1	Tenemos una pareja, A inmadura	1
Mes 2	Se cruza la pareja A	1 (la misma)
Mes 3	Nace una nueva pareja, B inmadura, se vuelve a cruzar la pareja A	1 (A) + 1 (B) = 2
Mes 4	Nace una nueva pareja C de A y la A y la B se cruzan	2 (A y B) + 1 (C) = 3
Mes 5	Nacen D de A y E de B, A, B y C se cruzan	3 + 2 = 5
Mes 6	Nacen tres nuevas parejas y tenemos ya 5 reproductivas	5 + 3 = 8

6 ✜ RETO. ¿Podrías corregir la siguiente operación sin tocar ni añadir ninguna cerilla?

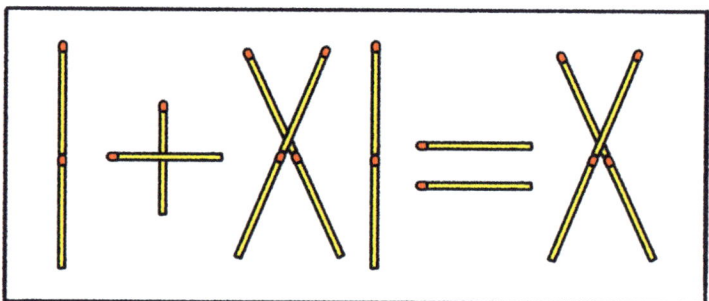

Y ME LLEVO UNA... ¿ADÓNDE?

CAPÍTULO 3

Vamos a hacer un experimento: quiero que antes de seguir leyendo sumes 85 y 17. Piénsalo diez segundos antes de pasar la página; solo piensa, no necesitas papel ni lápiz.

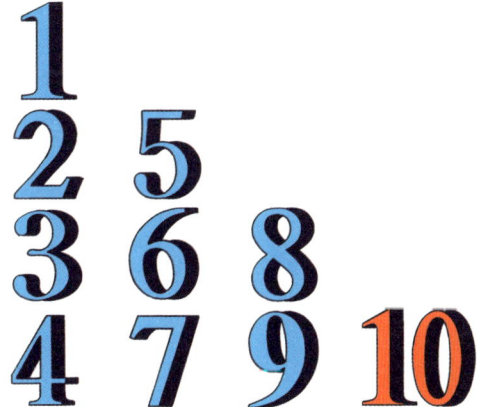

¿Ya? ¿Lo has pensado? ¿Seguro?
    Pasa la página.

Da 102, ¿verdad? ¿Cómo lo has hecho? ¿Se te ocurre alguna otra forma de llegar al mismo resultado?

Tuve la suerte de plantear este experimento a los oyentes del magacín *Hoy por hoy* de la Cadena SER. No sé cómo lo habrás hecho tú, pero confieso que mi manera favorita es la de sumar a 85 los 15 que le faltan para llegar a 100 y luego añadir los 2 que siguen «sin sumar». Esa mañana en el estudio ocurrió que ninguna de las personas que estaban había utilizado el mismo método:

* Sumar 80 y 10 y luego 5 y 7.
* Alguien sumó 20 a 85 y luego le quitó 3 al 105 que resultaba.
* Gemma Nierga, la entonces presentadora del programa, confesó que había sumado 10 a 85 y luego había contado de uno en uno, en catalán, desde 95 hasta 102.
* Incluso uno de los productores del programa confesó que había «visto» el 8 sobre el 1 y el 5 sobre el 7, sumado las unidades, apuntado el 2 (y llevado una mentalmente) para llegar al 102 (había hecho el algoritmo tradicional de la suma por columnas, pero mentalmente).

Sospecho que entre los miles de oyentes que operaron la suma habría alguna otra propuesta. Cuando planteo este experimento a grupos de adultos siempre surgen tres o cuatro alternativas a la tradicional. Esa mañana había ido a conversar con el escritor Juan José Millás sobre la palabra *algoritmo*. Él aportó la definición (conjunto ordenado y finito de operaciones que permiten hallar la solución de un problema) y yo contraataqué con la etimología. (Como vimos en el capítulo anterior, se lo debemos a Al-Juarismi. ¿Qué palabra de uso corriente dentro de mil años podría venir de tu apellido?). Luego hicimos el experimento anterior. ¿Qué pretendía al plantearlo? Algo que ya me has escuchado decir (me repito mucho), pero es que es muy importante: no hay una única manera de llegar a la solución de un problema, ni siquiera cuando es una simple suma. Los adultos competentes en cálculo mental no siguen un único procedimiento para operar con números, sino que lo hacen de maneras diversas, en función de sus experiencias previas y expectativas. No quiero decir que no haya que enseñar al menos un procedimiento en la escuela, sino que hay que tener claro que se van a aprender y a utilizar a lo largo de la vida otros muchos métodos diferentes al escolar. También nos habla de que enseñar «trucos» de cálculo mental es infructuoso, pues cada adulto aplica los suyos propios: no es mejor saber que 85 y 15 son amigos que pensar que sumar 17 es sumar 20 y restar 3.

La didáctica de las matemáticas nos dice que las estrategias de cálculo mental que se detectan en problemas de la familia de las sumas y restas (aditiva) se agrupan en dos familias. La de las descomposiciones, que consisten en mirar el número como hecho de números y separarlo como decenas y unidades o de alguna otra forma, y la de los saltos: ir sumando y restando en una o varias etapas.

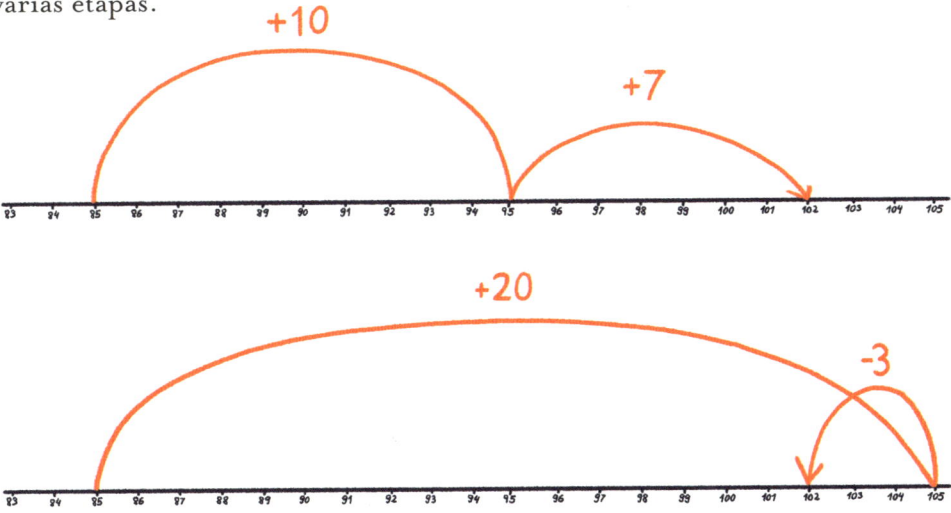

El esquema de recta numérica ayuda a pensar y mejora nuestro cálculo mental.

La suma y la resta se piensan como dos operaciones distintas, pero son en realidad dos caras de una misma cosa, a la vez que constituyen la piedra angular del edificio aritmético. Para dar una demostración de lo que estoy diciendo, tengo que hablar de uno de mis materiales manipulativos favoritos: las regletas Cuisenaire. Las regletas Cuisenaire son unas barritas de madera —técnicamente, prismas cuadrados— de distintos colores, y cada color tiene una longitud, desde 1 centímetro la blanca, hasta 10 centímetros la naranja.

Las regletas son un material idóneo para pensar los números y sus propiedades, pero hay que dejar claro que a pesar de ser de colores no son para nada un material exclusivamente infantil, sobre todo por no tener una representación de los números que se apoye en el cardinal. ¿Cómo relacionamos números y regletas? Decir que la blanca vale 1, la roja 2, la verde claro 3… es incorrecto, porque en realidad no valen nada. La verde no tiene nada del número 3, al igual que no hay nada del número 3 en el símbolo del 3, en su grafía. El garabato con el que designamos el 3 es un convenio, lo mismo que el color verde. La regleta verde claro es el 3 en la medida en que podemos «subir al coche verde claro» tres pasajeros y si nuestros pasajeros son el cubito blanco, la verde claro será 3. Pero cuidado: si nuestros pasajeros fueran la roja, en el coche verde claro solo se puede subir una roja (¡y media!), por lo que la verde claro serviría para designar el número 1,5. Esto implica que las regletas dan una idea del número muy asociada a la medida y, aunque son un excelente material de juego y construcción para los más pequeños, no es conveniente utilizarlas para trabajar números con niños menores de cinco años; antes deberán trabajar más con contadores u objetos para contar.

Hablábamos también de los colores. Los lectores familiarizados con las regletas habrán notado que la que mide 4 blancas se ha coloreado de morado, que es la representación más frecuente en el mercado anglosajón; no por nada, sino porque utilicé un entorno digital inglés para hacerle un boceto a Cristina, la que tan bien ha ilustrado este libro, sin acordarme de decirle que «aquí» pintábamos «el 4 de rosa», pero da igual: el 4 no tiene nada de morado, ni de rosa.

Podemos imaginar que la escalera de antes representa los números del 1 al 10, con la ventaja de que cada centímetro cúbico (cuadrado en la imagen que estás viendo, que para algo es plana) es una unidad, por lo que vamos a poder identificar sumas con áreas. Con estos sencillos elementos ya podemos construir sin mucha dificultad una demostración visual de, por ejemplo, cuánto suman los 10 primeros números naturales.

Colocamos la naranja sobre la blanca, la azul sobre la roja (¡miden lo mismo!, claro, 1 + 10 = 2 + 9). Seguimos el procedimiento con la marrón y la verde, la negra sobre la morada, la verde oscuro sobre la amarilla…, ¡cinco onces! Los primeros diez números naturales suman 55.

El total anterior se podría haber obtenido de cabeza, pero lo bueno de nuestro procedimiento es que se puede generalizar: vale para sumar los primeros 100 o los primeros 1000 números, ya que el primero y el último siguen sumando lo mismo que el

segundo y el penúltimo… Gráficamente, la altura del rectángulo. ¿Cuántas de esas parejas hay? La mitad del total: ese es el ancho del rectángulo. Si queríamos sumar los primeros 100 naturales, todas las sumas —altura— valen 101, y hay 50 parejas —anchura—, así que dará un total de 5050. Y si queremos sumar 1000, pues 500 veces 1001. Se puede generalizar aún más; te invito a verlo en los ejercicios que he planteado al final del capítulo.

Lo que observamos, además, es que esta demostración visual está vinculando sumas con multiplicaciones, como veremos en el próximo capítulo, pero también está tendiendo puentes entre aritmética y geometría al mostrar que el área de un rectángulo es el resultado de multiplicar base por altura.

Si utilizamos regletas Cuisenaire veremos que la suma se puede entender como poner una sucesión de dos o tres (o las que sean) regletas que queramos sumar, de forma que el total será una regleta tan larga como el tren que forman los sumandos.

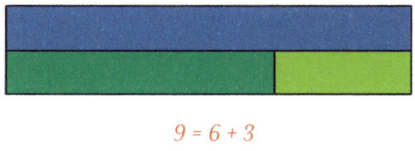

9 = 6 + 3

Si falta alguno de los sumandos tendremos un modelo de cuánto le falta a la corta para ser tan larga como la de arriba; si esa operación es una suma de 3 y algo desconocido o una resta de 8 menos 3 queda a gusto del lector:

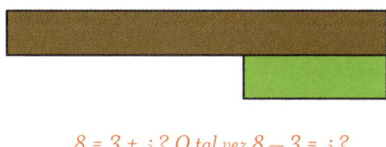

8 = 3 + ¿? O tal vez 8 − 3 = ¿?

Ahora que te he presentado las regletas Cuisenaire, quiero contar una actividad que sirve para poder dar rienda suelta a nuestra creatividad a la vez que comprobamos que los números naturales «están hechos de números» (técnicamente, que se descomponen aditivamente). Se llama «Las caras del 100» y consiste en crear una cara con regletas con la condición de que todas las que usemos, sumadas, den 100. *

*
Puedes ver una bonita galería de «caras del 100» en mi blog, tocamates.com.

*1.ª tirada:
un 3. Decido colocarlo en
la columna del 10.
(Llevo 30 céntimos).*

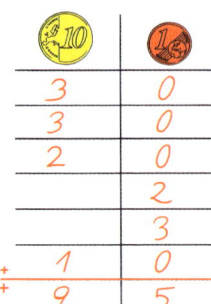

*2.ª tirada:
otro 3. Lo coloco en
la columna del 10.
(Llevo 60 céntimos).*

*En las tiradas sucesivas salen
un 2 (decenas), otro 2 y un 3
que coloco en unidades y un 1
que coloco en decenas. Sumo y
descubro que tengo 95 céntimos (previamente fui haciendo
sumas parciales para ver que
no me pasaba).*

Lo interesante de esta actividad, propiedad que comparte con todas las buenas actividades matemáticas, es que no acaba aquí. Una
vez que se ha construido la cara de 100 hay que demostrar que, en
efecto, es una cara de 100: que suma 100, generalmente ayudán-
dote de una hoja de papel en la que se muestre la descomposición
del 100 que hace la cara, pero puede que de alguna otra forma,
como tratando de formar un cuadrado de 10 por 10; o bien que
—tratándose de regletas— mide 100 centímetros.

Otro material en el que nos podemos apoyar para modelizar operaciones son las monedas, aprovechando que tenemos monedas de
céntimo y de 10 céntimos podríamos jugar a 99 céntimos.

Es un juego de estrategia en el que lo fundamental es el valor
posicional. No implica mucha dificultad operativa, pero se trabaja la anticipación y la toma de decisiones de forma estratégica.
Además, la descomposición juega un papel muy importante. Es
muy interesante mostrar que el mismo número se puede descomponer de distintas maneras.

Este es un juego que, aunque pueda hacerlo uno solo, gana
mucho cuando se juega entre varios. Yo he jugado en auditorios
con más de doscientas personas. Pido que dibujen en un papel dos
columnas, como se ve en el margen. Ganará el jugador que quede más cerca del número 99 sin pasarse. Para cada lanzamiento
del dado cada jugador elige si toma esa cifra como monedas de 1
o monedas de 10.

Si hay más jugadores, la pregunta será quién se ha quedado
más cerca del número, comprobando cómo lo ha hecho, y también si otro jugador ha obtenido el mismo número con otra descomposición o en otro orden (que será un ejemplo de la propiedad
conmutativa de la suma).

«Bancarrota» es una variante del juego anterior, con un esquema
muy semejante, solo que utilizando cifras en lugar de números;
es por tanto más abstracta. El número objetivo es ahora 999, sin
pasarnos, y tenemos 9 tiradas; cada jugador apuntará el resultado en una tabla con tres filas y tres columnas, con la precaución
de que si lo coloca en la última columna, valdrá unidades, mientras que si lo coloca en las anteriores, valdrá decenas o centenas.

Cuando se termina, es muy importante preguntar cómo se
ha conseguido y si algún otro jugador ha obtenido la cifra final
utilizando otros números. Me ha pasado en una clase de 2.º de

primaria que los alumnos «descubran» que cualquier permutación de las cifras en vertical da el mismo resultado. Una variante muy interesante es colocar como número objetivo 9,99 céntimos y que sea el jugador el que concluya que la única nueva regla al sumar y restar números decimales es que las unidades suman con las unidades y que unidades, décimas y centésimas se comportan de manera enteramente análoga a centenas, decenas y unidades.

Suma y resta son dos caras de lo mismo: la descomposición aditiva de los números, saber que los números están hechos de números. Sin embargo, la resta cuesta más trabajo de aprender; esto ocurre porque hay muchas interpretaciones distintas de lo que es restar (quitar, dar, llevarse, comparar...) y múltiples maneras de afrontar situaciones que para un niño serán «restas difíciles» mientras que un adulto las resolverá sin pararse a pensar, como la siguiente: «¿Cuántos años cumplió Ana en 2003, si nació en 1998?». Cualquier adulto dirá «5» (probablemente habrá contado desde 1998 mentalmente hasta 2003, o habrá dicho «2 y 3...») mientras que quien plantee la resta en vertical se encontrará con no pocos problemas (llevadas en unidades, decenas y centenas).

Uno de los males que tenemos en la escuela es que cada cambio de hora, de asignatura, cada cambio de tema... se hacen porque toca. ¿Se podría hacer de otra forma?

¿Qué pasaría si un tema nuevo, si una clase nueva, fuera un nuevo problema, un nuevo reto? Para eso precisamente es el *show* de la resta con llevadas.

Cuando visité por primera vez a Maria Antònia Canals en Girona me contó la historia del *show* de la resta con llevadas. Mi gran amigo David Barba, uno de los autores del blog Puntmat, fue maestro en la escuela Ton i Guida (Hansel y Gretel), que Canals fundó en los años sesenta en el barrio de Verdún. La escuela de Maria Antònia, emulando los comienzos de

María Montessori en la Roma de principios del siglo XX, empezó como un barracón en el que Canals atendía, en su parvulario, a los hijos de las familias humildes que llegaban al barrio. David me confirmó que —ya funcionando como una escuela años después— cuando faltaba algún maestro de 1.º o 2.º de EGB, Maria Antònia dejaba a sus chicos del parvulario trabajando y corría a hacer el *show* de la resta con llevadas.

Coge una calculadora (vale la del móvil) y haz esta resta: 874 menos 329.

—Ha dado 545, ¿verdad? Debe de estar mal la calculadora.

—No puede ser, a ver…, está claro que si a 8 centenas le quito 3, me quedan 5, también que 9 menos 4 son 5, pero 7 menos 2, definitivamente, NO SON 4.

Sabemos que es «4 menos 9», pero un niño que lo esté aprendiendo dirá que a 4 no se le pueden quitar 9; por eso unas veces restará el minuendo al sustraendo y otras —cuando sea más fácil— el sustraendo al minuendo. Cuando le preguntes qué ha hecho, te dirá que «restar».

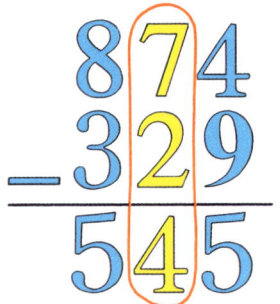

7 menos 2 no son 4 (no he enloquecido, te recuerdo que estamos en el show*).*

Maria Antònia les hacía volver a probar y sacaba alguna calculadora nueva por si las que estaban utilizando iban mal de pilas. Invitaba a algún alumno a explicarlo: este era el momento de que lanzaran sus hipótesis, y si no tenían éxito los ponía en fila y bajaban a secretaría, donde había un ordenador. Mi amigo David veía pasar a la fila de alumnos siguiendo a Maria Antònia y pensaba: «Ya está Maria Antònia haciendo el *show* de la resta con llevadas». Una vez que comprobaban que el ordenador arrojaba el mismo 545 como resultado, volvían a clase y Canals los animaba a utilizar material para explicar lo que estaba pasando. Maria Antònia sacaba entonces sus regletas Cuisenaire para darles más sentido. Utilizaba sus propias regletas o cualquier otro material para modelizar esta resta y tratar de explicar el conflicto que había creado. Eso mismo vamos a hacer ahora con palillos mondadientes, aunque podríamos haber utilizado regletas, bloques o perlas Montessori, para entender adónde se va la que me llevo.

Puedo empezar por las centenas o por las decenas; si empiezo por las unidades notaré que me faltan y no me quedará más remedio que desagrupar una decena.

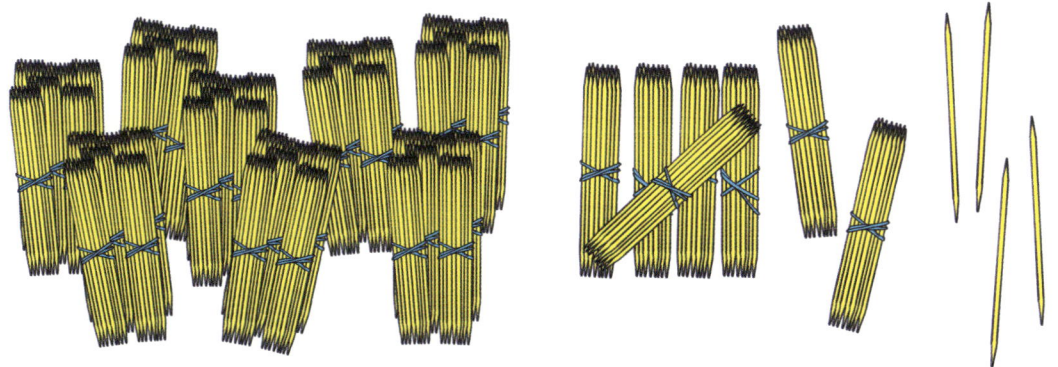

Ahora que tengo el minuendo preparado, puedo empezar por donde quiera (puedo quitar 3 centenas, 2 decenas o 9 unidades en el orden que quiera):

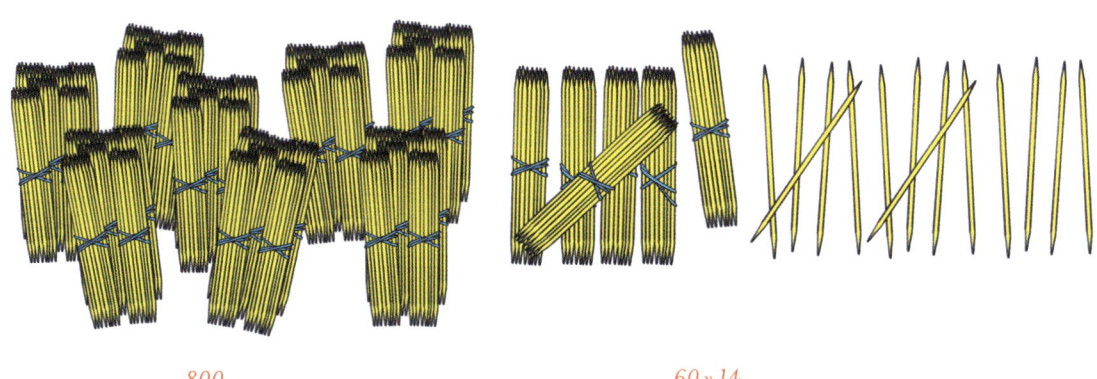

800

60 y 14

Puedo separar los 329 del sustraendo:

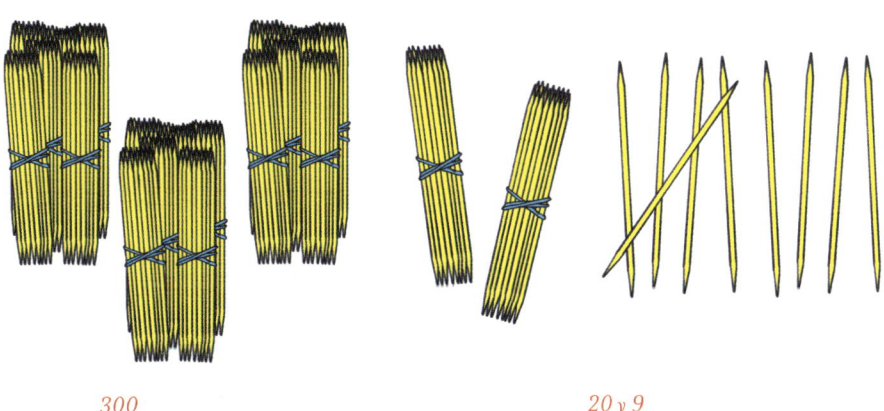

300

20 y 9

Y me dará como resultado los 545 sin posibilidad de error y casi sin pincharme.

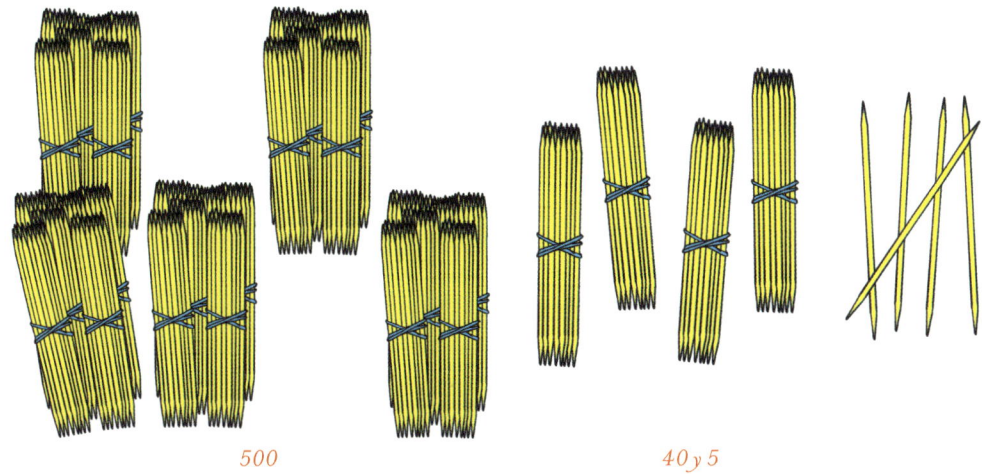

500   40 y 5

La ventaja de hacer este *show* es que consigue hacer de un problema que solo era de la maestra un problema del niño. Consigue crear un conflicto, una duda, involucrarle en dar una explicación; convierte al niño en un agente, un investigador, alguien activo, no un paciente que recibe una explicación porque toca, una explicación que seguramente no había pedido.

Maria Antònia es testimonio de la historia de la enseñanza de las matemáticas del siglo XX. Sus tías, maestras, se formaron con María Montessori en Roma en los años veinte y estuvieron en contacto permanente con ella en las temporadas que pasaba en Barcelona. Cuando Montessori se exilió en Barcelona huyendo del fascismo, en 1933, continúa ese contacto. Yo había leído que Canals tenía una foto sentada en las rodillas de la fundadora de la Casa de los Niños. Cuando fui a visitarla a su gabinete de investigación sobre materiales para la enseñanza de las matemáticas (GAMAR), le pregunté por la existencia de esa foto —me confirmó que sí que existió y que se perdió hace muchos años— y le pedí hacerme una foto sentado en sus rodillas, confiando en conectarme matemáticamente con Montessori. Me dijo que ya estábamos un poco mayores para esas cosas (tenía entonces ochenta y tres años y seguía en activo) y estuvimos más de veinte horas tocando y experimentando matemáticas con un brevísimo descanso para dormir.

Cuando en los cursos de formación a maestros surge el tema de la resta con llevadas, siempre se plantea que la resta se enseña hoy de manera diferente a como se enseñaba hace treinta años. Esto no es del todo así por dos razones. La primera es que algunos —pocos— maestros siguen enseñando la misma resta que aprendieron hace más de treinta años. Siguen el criterio de «enseño esto como me lo enseñaron a mí». Me divierte pensar que si remontamos la cadena de maestros que hacen esto porque su maestro se lo enseñó así, antes o después aparecerá Al-Juarismi o el mismísimo Aristóteles. La segunda es que si en el auditorio hay algún maestro latinoamericano, me dice que él sí que lo aprendió como se enseña ahora.

Lo que se recomienda hoy es una transcripción literal de la modelización que hemos hecho hace un momento con los palillos. Si me piden más unidades de las que tengo, tomo una decena y le quito su elástico, transformándola en 10 unidades —si hubiera necesitado más decenas de las que tenía, habría recurrido a desagrupar una centena—. Por un momento el 874 se pone el traje de «860 y 14», uno de los trajes de faena que tiene el 874 (874 = 860 + 14). Ahora que tengo 14 unidades, no hay problema en dar 9, y me quedarán 5; y ahora solo tengo 6 decenas, por lo que si tomo 4, quedarán 2. A las centenas no les afecta la llevada.

Lo cierto es que a mí me lo enseñaron a la manera antigua, a mí me decían eso de «de 9 a 14 van 5», pero ¿qué 14? Luego decíamos «2 y una que me llevo, 3, a 7, 4». Los defensores de continuar con este método me dicen que es mucho mejor, que favorece el cálculo mental y que es necesario para poder dividir. Como le dedicaremos todo un capítulo a la división, nos guardaremos eso para después; pero en cuanto a que sea mejor, yo solo les pido que me expliquen cómo funciona. Si sabes explicar cómo funciona y no lo haces solo de memoria, te invito a que sigas haciéndolo así. Si no es así, entre un método que puedes entender cómo funciona y uno que solo puedes hacer de memoria… no hay color. A la facilidad que tenga un método para poder entenderse se le llama transparencia. Vamos a llamar a esta resta «moderna» resta preparada, porque antes de hacerla hay que prepararla. Para mí, es más transparente que la que me enseñaron. ¿Qué te parece a ti?

Hay un material con el que podemos llegar un poco más allá en la comprensión de lo que estamos haciendo, porque no podemos olvidar que hay que ir ascendiendo esa montaña de abstracción que son las matemáticas. Se llaman bloques de base 10, aunque mucha gente los conoce como bloques multibase.

Recuerdan a las regletas; de hecho, dos de ellos son como las regletas: el cubito unitario de exactamente un centímetro cúbico y la barra sobre la que pueden subir 10 cubitos, si se aprietan bien. Tenemos también la placa cuadrada, que equivale a 10 x 10 = 100 cubitos, o diez barras y el cubo grande, de exactamente un decímetro cúbico: ¡un litro! Aunque cueste trabajo creerlo el bloque grande es un ejemplo de que, bien empaquetados, en un cubo de 10 centímetros de arista caben 1000 cubitos.

Le tengo un poco de manía al nombre de *bloques multibase*. Son de base 10, porque para pasar de uno a otro hay que multiplicar o dividir por 10, una placa vale 10 barras, una barra, 10 cubitos… En los años sesenta se popularizó lo que entonces se llamaba nueva matemática, que llenó los currículos de lógica, teoría de conjuntos y muchos cambios de base, con los que se planteaban algunos problemas interesantes (como el del número capicúa en base 2 y 10 que tenemos en la página 67) y otros bastante tediosos y complejos. Ahora ya no se practica, y los bloques de otras bases son una reliquia… Y estaban muy bien, pero así de injustas son las modas en educación.

Vamos a hacer otra resta, una resta con llevadas con bloques; por ejemplo, 2538 menos 1275. Para darle un contexto voy a imaginar que tengo 2538 euros para pasar las vacaciones y voy a alquilar la casa que me ofreces por 1275 (es cara pero muy bonita). ¿Cuánto tendré para pasar mis vacaciones?

Casi sin pensarlo, podría separar un bloque, dos placas y…, vaya, he empezado por la izquierda, cuando una operación como esta se representa con materiales, tanto da empezar por la derecha (unidades) como por la izquierda (unidades de millar). De hecho, es más natural empezar por la izquierda, pues ¿no leemos de izquierda a derecha? Además, obtenemos muy pronto una estimación del resultado (unos 1300 euros). Nunca he sido muy sistemático, pero como vamos a hacer en paralelo la resta tradicional empezaré preparando el material. Como ya hemos visto, vamos bien de bloques y placas, también de cubitos. Observamos que no tengo suficientes barras: hay que sacar 7 decenas y no dispongo más que de tres. Hay que desagrupar una centena, convertirla en 10 decenas. No me gusta decir que las decenas le «piden prestado» a la centena, como se suele decir en la escuela, porque cuando pides prestado, luego hay que devolverlo (y, a menudo, pagar intereses).

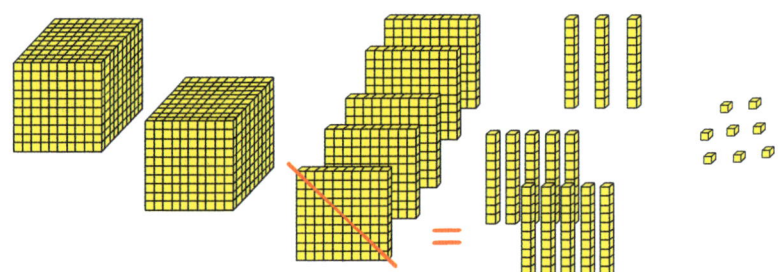

Ya está preparada: ahora tengo 2 bloques, 4 placas, 13 barritas y 8 cubitos; traducido a número tengo el «2400 y 138», que es otra forma de escribir el 2538; en realidad, una de las muchas descomposiciones que admite ese número. Está claro ahora que puedo darte 1 bloque, 2 placas, 7 barras y 5 cubitos, y me quedan:

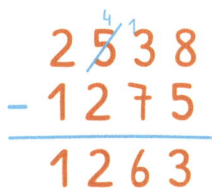

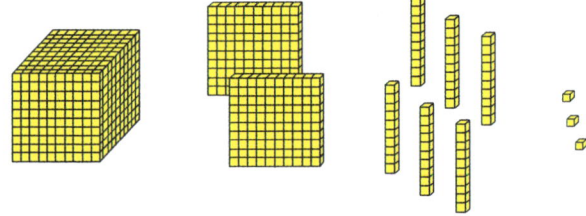

Me gustaría hacer varias observaciones sobre este material: la primera es que si alguien nos pide que comprobemos que la resta está bien, solamente tendremos que comprobar que los números cuadran, que los hemos vuelto a agrupar bien y que no se ha perdido ninguna pieza. En general, la prueba de la resta consiste en sumar lo que se ha restado (el sustraendo) al resultado y ver que da el minuendo, la cantidad que teníamos al principio. Me veo a mí mismo haciendo la prueba de la operación de turno por obligación, sin saber en qué consiste ni qué es. Siempre me daba bien. ¡Incluso si me había equivocado! La prueba siempre sale bien, porque se hace de forma rutinaria, con el piloto automático y sabiendo lo que tiene que dar. No se tiene por parte del ejercicio. Creemos que lo que se pedía era un resultado de una operación y eso ya lo hemos conseguido. La segunda observación da cuenta de que este material es más abstracto que los palillos. Puedo utilizarlo para modelizar una operación con decimales, para ello solo necesito fijar qué pieza es la unidad. Imagina que al llegar a pagar en la caja del supermercado en la que me piden 32,65 euros observo que me han cobrado dos veces el champú, que valía 6,75 euros (es caro, pero yo lo valgo). Para poder modelizar la resta, solo tendré que asignar el valor de la unidad a la placa, una placa vale como 10 barras y es la décima parte del bloque.

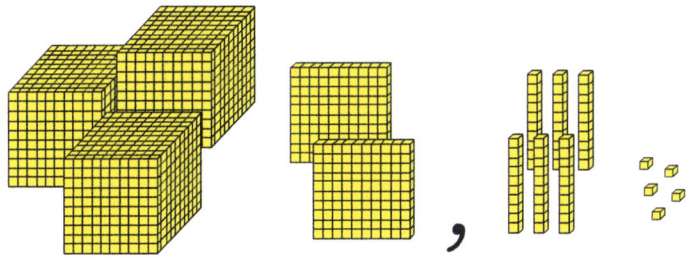

*Ahora la placa es la unidad, el bloque sigue valiendo 10 placas
y la barra es la décima parte de la unidad.*

Un argumento que suelen dar los detractores de la resta preparada es lo difícil que es hacer con este método restas que tengan ceros en el minuendo. Vamos a hacer una, ya sin el apoyo de los materiales; pero antes de ello vamos a plantear un problema «de restar» que nos sirva de contexto.

Se dice que Mileva Marić, matemática y primera esposa de Albert Einstein, pudo contribuir bastante a la teoría de la relatividad. Es más que probable que le ayudase, ya que él siempre encontró dificultades en las matemáticas y no dudó durante su carrera en pedir ayuda a matemáticos que luego firmaban sus artículos a medias. En fechas próximas a la publicación del primer artículo que fundó la relatividad especial, en cartas que le mandaba a su esposa se refería a «nuestra investigación»; lo mismo hacía ella, que escribió —en 1905, meses antes de la publicación— a una amiga: «Hace poco hemos terminado un trabajo muy importante que hará mundialmente famoso a mi marido». Einstein tenía en esas fechas 26 años y era

SE ALQUILA 1275 €

un administrativo de la oficina de patentes de Berna. Lo cierto es que el nombre de Mileva no figura en los artículos. Sea como fuere, ¿en qué año nació Einstein? ¿Está claro que para responder a esa pregunta hay que hacer una resta? Hazla, como la hemos visto aquí o como puedas. ¿Qué observas?

$$1905 - 26$$

Si empiezo por la derecha necesito más unidades, pues solo tengo 5 y me piden 6, me voy a las decenas y ¡vaya! No hay ninguna, tengo que seguir remontando. Toca cambiar una centena en 10 decenas:

$$1905 - 26$$

Ahora he convertido mil novecientos cinco en mil ochocientos y ciento cinco. Otro traje del 1905. Pero no es suficiente, así que tomo una de esas 10 decenas y la hago 10 unidades; me quedan, lógicamente, 9 decenas:

$$1905 - 26 \qquad 1905 - 26 = 1879$$

Y sí, el número de arriba se lee «mil ochocientos noventa y quince», y la solución a nuestro problema se reduce a quitar 6 a 15 unidades, resultando 9, y 2 a 9 decenas, resultando el 7: 1879, el año en el que en efecto nació nuestro arquetipo de científico, el 14 de marzo.

Llegados aquí, e insistiendo en reflexionar en el cómo se ha hecho, quiero que observes la solución sobre la recta numérica que hay a continuación. Es cualitativamente mejor que la que hemos hecho, porque favorece, además, el cálculo mental, ¿o prefieres que necesitemos siempre el papel —o el móvil— para hacer una simple resta?

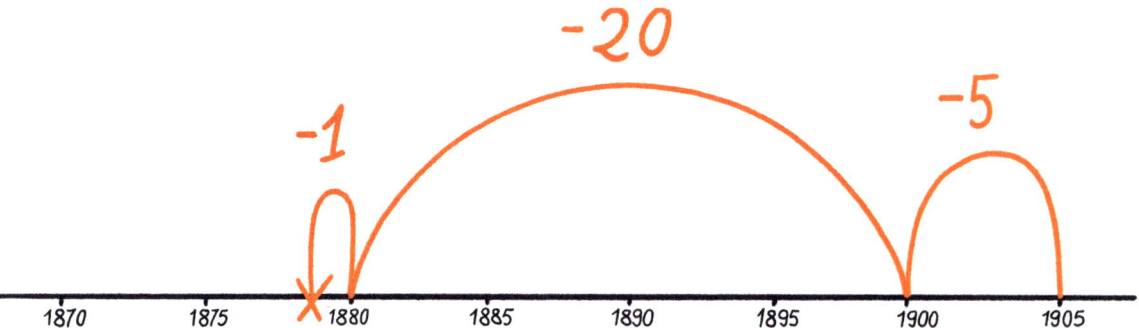

Precisamente porque buscamos el cálculo mental, de un tiempo a esta parte se están desarrollando propuestas alternativas a los algoritmos tradicionales. Una de estas propuestas alternativas, muy estimulante, es la de los algoritmos «abiertos y basados en números», conocidos por sus siglas, ABN. Su inventor es Jaime Martínez, un maestro e inspector educativo jubilado que asegura que los algoritmos tradicionales son cerrados —ya que no admiten más que una manera de hacerse— y basados en cifras y no en números, y razón no le falta. En sus algoritmos, los números, no sus cifras, se colocan en cuadrículas con filas y columnas y van pasando de una a otra sumándose o restándose según la elección del niño, en función de su experiencia y su destreza, teniendo como objetivo que se hagan mentalmente tarde o temprano, cada estudiante a su ritmo. En sus libros y vídeos se utilizan los palillos para modelizar decenas, centenas y llevadas, como debe ser. Tanto ha contribuido a popularizar el uso de palillos que cada vez que saco en mis talleres con maestros los palitos de polo (los prefiero porque no pinchan) alguien me pregunta si vamos a hacer ABN. Reconozco que me da un poco de envidia..., bueno, mucha.

Puestos a romper con la tradición yo prefiero el trabajo de maestros como Antonio Martín, que buscan que sea el alumno el que genere sus propios algoritmos a partir de los contextos que él mismo se inventa. Son los algoritmos libres y dan resultados espectaculares, aunque implican una ruptura tal que cuesta trabajo creer que puedan imponerse. Antonio ha montado un grupo de maestros que comparten recursos e ideas para hacer unas operaciones aritméticas con mucho más sentido, y se hacen llamar OAOA. Busca sus vídeos, son muy interesantes.

Mi opción también pasa por pensar más y hacer menos cuentas, inventando contextos y utilizando algoritmos que se entiendan, que sean lo más transparentes que se pueda, y usando materiales como las regletas, los palitos y los bloques para comprenderlos y esquemas como la recta numérica para facilitar que se hagan cálculos mentales. Y pedir que llegue el momento en que se aplique la cordura y la clase de matemáticas deje de ser un aprendizaje de técnicas obsoletas. No en vano en los currículos de primaria se nos dicen cosas tan bonitas como:

> *La práctica de las matemáticas desarrolla en el niño el gusto por la investigación, el razonamiento, el rigor y la precisión; desarrolla su imaginación y capacidad de abstracción; le enseña a razonar y a aplicar el razonamiento matemático a la resolución de problemas cotidianos. (BOCM, Decreto 89/2014).*

Y otras declaraciones de amor igual de llenas de buenas intenciones, que luego quedan sepultadas ante exigencias como que los estudiantes de 1.º de primaria «memoricen las tablas de multiplicar del 0, 1, 2 y 5» que, aunque sean unas tablas «fáciles», no se ve nada claro cómo pueden contribuir al gusto por la investigación, el razonamiento o al desarrollo de la imaginación de nadie.

Ejercicios

1 ✣ El procedimiento que hemos seguido para sumar los primeros 10 números naturales se puede generalizar para sumar cualquier progresión aritmética, que es como llamamos al caso general, cuando los escalones en lugar de ir de uno en uno van de d en d. Números que «estén en escalera» (técnicamente, en progresión aritmética). Esto es, no precisamos que el escalón sea de altura 1.

* ¿Cuánto suman los primeros 50 múltiplos de 5, i.e., 5 + 10 + 15 + … + 250?
* ¿Qué pasaría si hay un número impar de términos en la suma? Comprueba que la fórmula sigue funcionando y busca una explicación.

2 ✣ El 10 de diciembre de 1911 Marie Curie, nacida Maria Skłodowska, recibió su segundo Premio Nobel, de Química, (el anterior, el de Física, lo compartió con su marido, Pierre, y con Henri Becquerel). Unos días antes Marie había cumplido 44 años. ¿En qué año nació? ¿Cómo has hecho la resta? Hazla utilizando otro método, represéntala con una recta numérica.

3 ✣ Desaconsejo usar las regletas para trabajar números en infantil, pero eso no quiere decir que no se puedan utilizar, al contrario. Los pequeños son los que más capacidad tienen para explorar con estos materiales y hacen geniales descubrimientos. Sirva de ejemplo la siguiente historia, que protagoniza Nuria, una niña que acaba de cumplir cinco años. En su primer contacto con las regletas Nuria le mostró a su *seño*, mi amiga Pilar, la siguiente construcción:

Su compañero de pupitre no está de acuerdo y les señala que es, en realidad, un laberinto.

Lo curioso de este caracol laberinto es que si rellenas la segunda espiral aparece esta imagen que contiene numerosos patrones numéricos:

«Mira, seño, un caracol».

«¿Ves?, un laberinto».

* Encuentra en la imagen otra demostración de cuánto suman los 10 primeros números naturales.
* Encuentra otros patrones numéricos como los números pares o los impares.

4 ✛ Un número *n* se llama triangular si puedo organizar un conjunto de n puntos con forma de triángulo:

El primero debería ser el 3, pero a nosotros nos gusta empezar con el 1, un triángulo que ha colapsado en un solo punto.

* Encuentra los siguientes 2 números triangulares.
* ¿Podrías decir qué número triangular ocupa la posición 62?
* Los números triangulares tienen la curiosa propiedad de que si sumas dos consecutivos se obtiene un cuadrado. Compruébalo con los números que tienes. ¿Se te ocurre alguna demostración de ese curioso hecho?

EL DOBLE DEL PRIMERO
POR EL SEGUNDO

¿Has oído alguna vez eso de que el orden de los factores no altera el producto? Seguro que recuerdas que se llama propiedad conmutativa. Mi mayor éxito periodístico hasta la fecha, el artículo mío que más gente ha leído y comentado (en Verne, la web de elpais.com en la que escribo), se lo debo a la propiedad conmutativa. No exagero: más de medio millón de visitas en un fin de semana. Trataba sobre la propiedad conmutativa de la multiplicación. Quinientos mil lectores leyendo y hablando sobre la propiedad conmutativa, que despierta pasiones.

La historia arranca cuando unos padres de Estados Unidos deciden compartir la imagen del examen que les ha traído su hijo o hija. Por los contenidos, debe de tener unos ocho años. Están disgustados con su evaluación, y motivos no les faltan.

La primera pregunta puntúa negativo (allí los fallos descuentan). Le han pedido que use la estrategia de «suma reiterada» para resolver el producto 5 × 3.

El estudiante dice que 5 × 3 es quince. Hasta aquí todo el mundo está de acuerdo. El artículo tuvo cientos de comentarios,

*

En algún momento entre primaria y secundaria, dejamos de utilizar el aspa y empezamos a escribir las multiplicaciones con un «·». No recuerdo cuándo me ocurrió a mi, pero sí que me resultó extraño. Se dice que es para que no confundamos el aspa con la x que vamos a utilizar en la incipiente álgebra. No me parecería mal si no fuera porque no va a quedar ahí la cosa. Un par de años más tarde dejaremos de poner también puntos y empezaremos a no poner nada cuando sea entre letras y no haya «posibilidad de confusión». Por ejemplo, la primera vez que ves la fórmula de la longitud de una circunferencia que tenga radio r, la verás escrita así: $2 \times \pi \times r$; en algún momento empezarás a verla escrita $2 \cdot \pi \cdot r$ y luego directamente $2\pi r$, el famoso «dospierre». ¿Qué necesidad puede haber de utilizar tres notaciones distintas para una misma operación? No vale la excusa de que todo el mundo lo hace, no es verdad. Por poner un ejemplo los estudiantes ingleses no pasan por el punto, van directamente del aspa a no poner nada cuando no haya lugar a confusión. (Y sí, hacen una grafía ligeramente distinta de la equis en las ecuaciones, algo así: x). Por coherencia conmigo mismo y rebeldía ante las injusticias de notación, en todo este capítulo voy a continuar usando el aspa para la multiplicación.

no todos positivos: muchos opinaban que ahí tenía que terminar el artículo y que lo que viene a continuación no son matemáticas, sino cosas del lenguaje. Dicen, y escriben, que son preocupaciones de «maestruchos y pedabobos» y otras cosas terribles; varios comentaristas opinan que los periodistas no deberían hablar de matemáticas, solo los que saben de matemáticas. Ya, como ellos.

Nuestro estudiante justifica su 15 con un sucinto $5 + 5 + 5$. Esto está bien, le están pidiendo que explique por qué 5×3 es quince. El problema es que su profesor quiere que la justificación sea $3 + 3 + 3 + 3 + 3$, y le quita toda la puntuación de la pregunta.

Yo también quiero que 5×3 sea 5 veces 3, me parece más natural y trasparente, más sencillo de aprender y de integrar en los conocimientos anteriores. Leemos de izquierda a derecha y hablamos de «doble», «triple» o «mitad». En secundaria escribiremos $3x$ (leído «tres equis») para decir el triple de una cantidad desconocida y querremos que $3x + 5x$ sean «ocho equis». Así que viene estupendo que el primer factor de un producto sea el que me indica cuántas veces se repite —cuántas veces se suma— el segundo y no al revés.

Años atrás pasé una propuesta a una editorial de libros de texto con la que colaboraba. Les argumentaba lo interesante que sería que la multiplicación se interpretase así. No era mi manía, sino una tendencia internacional. Me fue fácil encontrar ejemplos de uso en otros países. Me agradecieron la propuesta, pero no la tuvieron en cuenta. En su respuesta razonaban que la Real Academia Española (RAE) definía la multiplicación como el producto de dos factores: primero el multiplicando, el pasivo, el que se deja multiplicar; segundo, el multiplicador, el activo, el que dice cuántas veces se repite. Lo cierto es que consulté varios diccionarios históricos de la lengua y solamente uno (de 1855) hace cierta referencia al orden de los factores. Todos los demás hablan de dos factores sin indicar el orden. No seguí insistiendo.

La mención de la RAE, aunque no parezca una autoridad en el ámbito de las matemáticas, es muy pertinente en todo caso. Si queremos unas matemáticas con sentido tenemos que cuidar los significados, las traducciones, las interpretaciones de los términos matemáticos en lengua vernácula, la de cada uno. Vemos que la clave no está en cuál de los factores es el multiplicando y cuál el multiplicador, sino en el mismo significado de «por». Este proviene de «multiplicado por» y está claro que si decimos «cinco multiplicado por tres» es el 5 el multiplicando y el 3 el multiplicador. O sea, el 5, 3 veces.

Por es un viejo conocido en generar confusión en la interpretación de problemas matemáticos, y no solo lo encontramos multiplicando, también aparece al dividir. En España son mayoría los que dividen por, aunque algunos insisten en dividir entre. No ocurre lo mismo en otros países de habla castellana, donde se dice «dividido entre» de forma mayoritaria o incluso «dividido para» (Ecuador). También hablamos de «tanto por ciento», aunque nos lo guardamos para el próximo capítulo, porque aunque suena a multiplicación está relacionado con fracciones. Aparece también cuando hablamos de proporciones, aportando más confusión («las pantallas de televisión ahora son de 16 por 9, antes eran de 4 por 3») y en los descuentos del supermercado («compre cuatro por el precio de tres»).

Deberíamos dejar a un lado el *por*, demasiado ambiguo y quedarnos con *veces*; así no habría lugar a dudas de quién es quién, al menos en el momento de aprenderlo; después ya da igual, porque valen lo mismo seis veces siete que siete veces seis.

Para mí, esta es la mejor opción, aunque vuelve a tener en contra la tradición. No solo la etimología de *por*, sino el recuerdo de la gente que se lo estudió así. También tengo en mi contra que tomar esta decisión implicaría dar la vuelta a las tablas: la tabla del 5 ya no puede ser «5 por 1, 5 por 2…», sino «1 vez 5, 2 veces 5, 3 veces 5…».

$1 \times 5 = 5$
$2 \times 5 = 10$
$3 \times 5 = 15$
$4 \times 5 = 20$
$5 \times 5 = 25$
$6 \times 5 = 30$
$7 \times 5 = 35$
$8 \times 5 = 40$
$9 \times 5 = 45$
$10 \times 5 = 50$

Para cantarlas ya no valdría el tema de Enrique y Ana con letra de Gloria Fuertes… Quitando eso, todo lo demás son ventajas.

¿Y qué más da, si no altera el producto?

Es cierto que, sea cual sea el que indica las veces que se repite el otro, 5×3 y 3×5 valen lo mismo, pero en ningún caso son lo mismo. No modelizan la misma relación; por poner un ejemplo: no es lo mismo ir tres veces cinco amigos al cine, que ir tres amigos cinco veces.

Otro ejemplo, esta vez visual:

3 veces 5 frente a 5 veces 3. Puestos como un tren y como rectángulos, de la segunda manera, siguen sin ser lo mismo, aunque ahora tienen idéntica área.

En el examen estadounidense, para mí, el maestro se equivoca al aplicar la regla no escrita de «se hace como hemos visto en clase o está mal». Un error que va a más en la segunda pregunta:

Dibuja una disposición que muestre cuánto es 4×6.

El estudiante coloca 6 filas de palitos en 4 columnas y su examinador vuelve a quitarle un punto en esa pregunta: al parecer debían ser 4 filas de 6 palitos. ¿Por qué? Solo puede ser que porque en clase lo hubieran explicado así. Una disposición rectangular lo es independientemente de cómo la estemos mirando. Tanto girada 90 grados como girada 15 grados, siguen los palitos organizados en filas y columnas. Un rectángulo girado es un rectángulo, como veremos en el capítulo 6, dedicado a la geometría.

La vinculación entre disposiciones rectangulares y multiplicación figura entre los objetivos que hay que trabajar en la escuela. En mi vida se ha convertido en una fuente de placer estético, una diversión cuando viajo y una auténtica obsesión. Además, me sirve como respuesta a la pregunta que me hicieron unos padres a la salida de una charla en un colegio de Valencia. Me contaron que van y vienen al cole en rutas pedestres. Qué gran idea, un par de padres y un buen montón de niños caminan todas las mañanas y tardes en lugar de ir en coche. Querían enriquecer esas rutas y, dado que ya habían explorado los nombres de las calles y sus historias y catalogado los tipos de árboles y plantas que encontraban de camino, pensaban que desde las matemáticas también se podría hacer algo con sentido. Les respondí alguna vaguedad sobre las ciudades y la cantidad de patrones que se repetían: verjas, ventanas y formas geométricas. No sé si quedaron contentos, yo desde luego que no. Días después, hice una foto a una baldosa que me llamó la atención por cuestiones geométricas y le puse un título para subirla a Instagram. Pensé en etiquetarla con la almohadilla *(#)* —un *hashtag* es una manera cómoda de vincular imágenes que compartan algo en común y hacer búsquedas—, y mientras pensaba cuál podría ser el nombre me di cuenta de que llevaba meses haciendo fotos a baldosas que mostraban disposiciones rectangulares y que servían para plantear toda clase de problemas de multiplicación. En mi caso, para mucho más que eso, ya que cada ciudad que visito tiene baldosas características y es un divertido pasatiempo que enriquece mis idas y venidas: buscar las repeticiones y las diferencias.

Mi primer y único 11x11, y sí, aunque esté girado 45 º, es un cuadrado

Las baldosas de botones se colocan en las ciudades por dos motivos: uno es que son un pavimento antideslizante muy indicado para los lugares que llueve o hiela, el otro es el de dar indicaciones a los invidentes. Los de esta segunda categoría pertenecen a los llamados «pavimentos táctiles» y además de los de botones también los hay con barras. Indican paradas de autobús, pasos de peatones o el borde de la vía en el Metro. Cuando visitas una nueva ciudad puedes ver si consigues alguna que no tuvieras, como la enorme losa de 14×28 botones que encuentras paralela a las vías, repetida hasta el infinito, en la estación del AVE de Málaga, o la primera baldosa rectangular de 6×9, que ves en Lugo. Las más comunes son las cuadradas, de 16, 25, 36 o 49 botones. Pero en Madrid, en la zona de Atocha hay unas enormes de 20×20. ¡Cuatrocientos botones! Y puestas de cinco en cinco en cada paso de peatones. Si cruzas la calle podrás compararlas con otras, más modestas, de 5×5. Aunque si juntas 16 baldosas de 5×5 tendrás una curiosa descomposición, otra manera de hacer 400, una demostración de que la suma de muchas pequeñas cantidades puede hacerse bien grande.

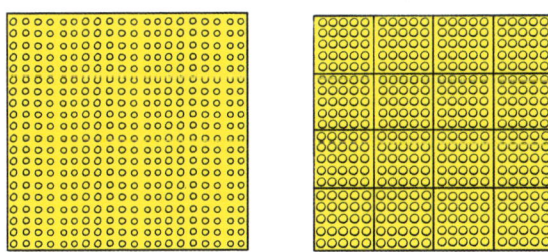

Dos maneras de ver el 400

Cuando las baldosas no están completas porque hay una pape-
lera, una señal o una jardinera, ya puedes plantear un problema
visual: ¿cuántos botones faltan? Si hay muchas baldosas de botones repetidas se puede plantear un problema de estimación:
¿cuántos botones habrá?, ¿10 000?, ¿100 000?

Además de estos pavimentos táctiles, hay otros muchos que
con el fin de no acumular agua cuando llueve tienen surcos y
rectángulos, una vez que empiezas a mirar el suelo ya no puedes parar...

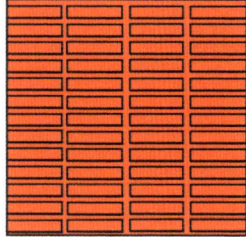

13×4 en Madrid

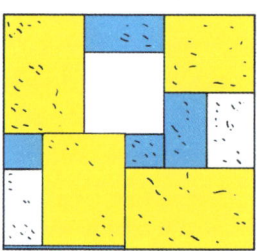

*La terraza de mi amigo José
Miguel tiene estas baldosas. Si
miramos el cuadrado pequeño
como la unidad, la baldosa vale
36 unidades y es suma de
dos unos, cuatro doses, dos
cuatros y tres seises*

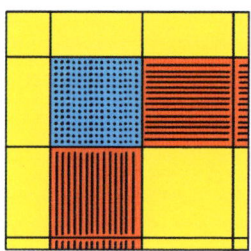

*Baldosas de 1×15
y baldosas de 15×1 se en-
cuentran en una baldo-
sa 15×15=225 en el Metro de
Barcelona*

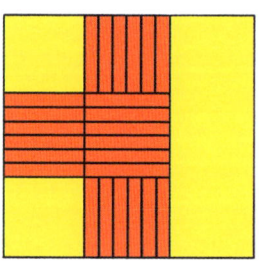

*Siguiendo el modelo anterior en la
baldosa central deberían haber puesto una baldosa de 6×6, teniendo en
cuenta que estaba en la misma línea
del Metro de Barcelona, solo unas
paradas más adelante*

Mirando al suelo se ven más cosas además de botones y barras. No
hace falta ser muy exhaustivo para tener muestras de que cualquier
forma geométrica no va a valer para cubrir nuestras aceras. De
las formas regulares encontramos el cuadrado, fácil de producir,
apilar y transportar, y muy pocos triángulos regulares —equiláteros—. De cuando en cuando encontramos algún hexágono, como
los bellísimos *panots* de Gaudí, que enlosan el Passeig de Gràcia en
Barcelona. O los hexágonos irregulares de la Alameda de Hércules
en Sevilla.

Por eso es sorprendente cuando encuentras algo que está «fuera de lugar», como los mismos *panots* de Gaudí en un bar de Madrid, o una curiosa variante de ellos en Jaén. Siempre he creído que parte del trabajo de matemático es el de detectar patrones y regularidades, tanto para indicar que todo está en orden como para encontrar el elemento discordante, el que está fuera de lugar.

La imagen original del examen que nos trajo hasta aquí tenía ese elemento discordante. Muchos lo vieron, ya que para cuando yo lo comenté ya acumulaba millones de visualizaciones y comentarios furibundos. No toda esta ira era contra un maestro que se había extralimitado, sino que cargaba contra la reforma de los contenidos y metodología que se sigue en Estados Unidos desde 2010, y que se llama Common Core Standards (CCSS). Los CCSS son un cambio impulsado por el Consejo Nacional de Profesores de Matemáticas (NCTM) con bastante respaldo de la administración demócrata y tienen un cierto carácter unificador y federal. De ahí ya viene parte de la reacción adversa. La reforma fija sus intereses en el aprendizaje de la lengua inglesa y las matemáticas. Sobre nuestro objeto de estudio determina que el currículo estadounidense es demasiado amplio. En su informe de 2014 se dice que el temario «mide una milla de ancho y una pulgada de profundo». Cómo son estos gringos y su aversión al Sistema Internacional…: 1609,33 metros de ancho y 2,54 centímetros de profundidad. Bromas aparte, nuestro currículo también es muy extenso y muy poco profundo.

Los CCSS miran también a la práctica matemática, pensando que la enseñanza de las matemáticas no puede ser una adquisición de contenidos. De forma resumidísima recomiendan implementar tareas que promuevan el razonamiento y la resolución de problemas. Usar y relacionar representaciones matemáticas. Proponer preguntas con un propósito u obtener y utilizar evidencias del pensamiento de los estudiantes. No podría estar más de acuerdo. Se puede encontrar abundante información en la web del NCTM, por lo que no seguiré desarrollando aquí el tema.

El caso del 5 × 3 y el 3 × 5 es un ejemplo de lo perniciosa que es la aplicación estricta de unos criterios de corrección que premian el hacerlo como te han enseñado y castigan cualquier

otro método. Criterios muy diferentes a los que plantea una reforma que es muy necesaria a ambos lados del Atlántico. Si el alumno razona correctamente y expresa las ideas que le han llevado a una solución numéricamente correcta, nunca le deberían quitar puntos.

Llevamos ya un rato hablando de la operación de multiplicar, pero ni una mención aún al algoritmo tradicional de la multiplicación, que es un desaguisado. Si no fuera por el de la raíz cuadrada, sería el menos transparente que tenemos. Veamos un ejemplo, y veamos que la solución también se encuentra en los materiales de construcción.

Vamos a calcular 538 × 1072:

$$
\begin{array}{r}
538 \\
\times\,1072 \\
\hline
1076 \\
3766 \\
538 \\
\hline
576736
\end{array}
$$

Lo primero que hay que notar es que el multiplicador es el segundo factor: mal empezamos.

Las filas se van desplazando una a la izquierda; es porque primero multiplicamos por unidades, luego por decenas, pero no se nos dice. Es por eso que el cero implica un salto de carro extra.

El resultado se obtiene al final cuando todas las cifras con las que hemos estado jugando se componen en un número. Hasta entonces ni idea de lo que iba a resultar.

Es un muy buen ejemplo de algoritmo que era efectivo cuando no existían máquinas de calcular pero que ahora es un sinsentido absoluto. Es efectivo porque en un espacio muy limitado he multiplicado dos números grandes que me han dado un producto enorme y no me ha tomado mucho tiempo. No sé tú, pero más allá de unos pocos números de teléfono y mi DNI, no estoy muy habituado a números de más de cinco dígitos. En la escuela sí, a partir de 4.º de primaria, por exigencias curriculares. Cuesta imaginar los contextos en los que los verán (solo se me ocurren censos de grandes ciudades y salarios de estrellas de la Liga).

Dicho todo esto, hay que hacer una propuesta de multiplicación. Miremos cómo se multiplican números más allá de la decena con regletas y tratemos de extrapolar:

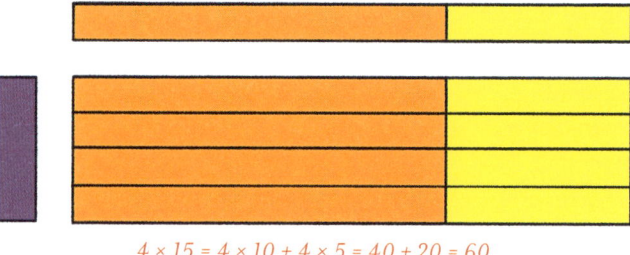

$4 \times 15 = 4 \times 10 + 4 \times 5 = 40 + 20 = 60$

¿Y si los números fueran mayores?

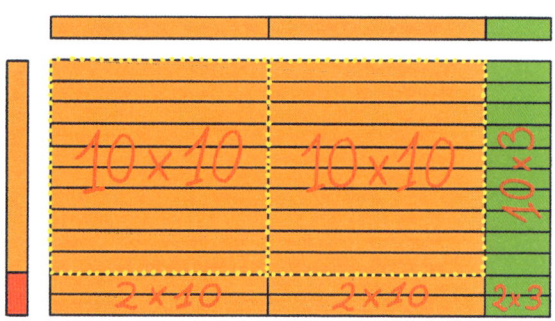

12×23 como 2 veces 10 por 10, 2 veces 2 por 10, 10 veces 3 y 2 veces 3.
El producto descompuesto en sus partes: $12 \times 23 = 100 + 100 + 20 + 20 + 30 + 6 = 276$.

Ya no tenemos que seguir poniendo palitos de colores. Conviene recordar que uno de los procesos fundamentales en matemáticas es el de generalizar. Y si tuviésemos que multiplicar números grandes, esperemos que sean números en algún contexto. Por ejemplo, imaginemos un palé de baldosas grandes (de 40x40 centímetros) que lleve 120 baldosas. Si cada una tiene un peso de 14 kilos, ¿cuánto pesará todo el conjunto?

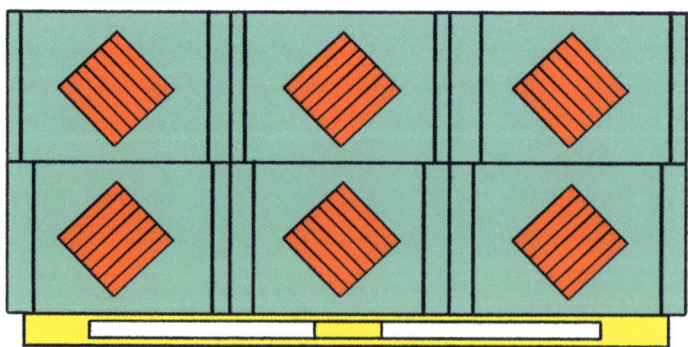

	10	4
100	1000	400
20	200	80

120 × 14 = 10 veces 100 + 10 veces 20 + 4 veces 100 + 4 veces 100 + 200 + 400 + 80 = 1680 kg

Este método se conoce como «método de celosía» y tiene innumerables ventajas. La primera es que permite dar una estimación muy rápida del orden que va a tener nuestro resultado. Si el peso exacto es irrelevante, no es preciso terminarla. Tomando los productos mayores tendremos una rápida aproximación. La segunda es que nos permite interpretar otros productos a partir de este: si al final el palé en lugar de 120 losas va a llevar 125, no será necesario rehacer la operación, sino solo añadir el 70 (5 × 14 = 70). Cuando trabajas con números en lugar de con cifras todo es más productivo. Para terminar, diré que no es obligatorio descomponer el número en centenas, decenas, unidades; si conocemos alguna otra descomposición, esa será la que haremos. No olvidemos que nuestro objetivo es promover el cálculo mental.

Repasemos el producto que puse antes como ejemplo a los ojos del método de celosía, 538 × 1072:

	500	30	8
1000	500 000		
70			
2			

Separo los números por órdenes de magnitud, y con la primera operación ya obtengo que el producto estará alrededor del medio millón. Puede que con eso ya no precise hacer nada más. Ya tengo una estimación inferior, una cota.

	500	30	8
1000	500 000	30 000	8000
70	35 000	2100	560
2	1000	60	16

Completo el resto de productos y sumo:
565 000 + 3100 + 8000 + 620 + 16 = 576 736

La multiplicación por este método permite también introducir decimales de manera bastante natural: imagina que con las losas que lleva nuestro palé se pueden cubrir 19,2 m² y que disponemos de 24 palés en el almacén. ¿Podremos servir un pedido de 450 m²?

	15	4	0,2
20	300	80	4
4	60	16	0,8

Sí que podremos, ya que tenemos 460,8 m² de baldosas.

Para realizar la anterior multiplicación he supuesto que tenemos cierta práctica con la «tabla del 15» y por tanto he descompuesto 19 como 15 + 4. Solo es un ejemplo. Si conocemos los productos más elementales del 19 lo multiplicaríamos directamente por 20 y por 4. Si no los conocemos, lo descompondríamos como 10 + 9 o como 10 + 5 + 4... Repito que el objetivo de todo este cálculo es que se acabe haciendo mentalmente —con algún apoyo de anotaciones en papel cuando sea necesario—. Pensar que se va a hacer utilizando exclusivamente papel solo tiene sentido bajo la hipótesis «gran apagón», por la que calculadoras, móviles y ordenadores no funcionan; en cualquier otro caso..., qué te voy a contar.

La multiplicación tiene presencia en el currículo escolar más allá de la suma reiterada o de las disposiciones rectangulares; por eso no es ningún disparate pensar que niños pequeños, a partir de cuatro o cinco años, se encuentren con problemas de contar que tengan estructura multiplicativa. Como, por ejemplo, preguntas del tipo «¿cuántas manos hay en casa?» o «¿cuántas orejas tenemos entre todos si contamos también las de los abuelos?». O cuántas galletas habrá en 5 paquetes si cada paquete tiene 4 galletas, y pedir un dibujo. Son problemas de contar que nos ponen en contacto con las primeras estructuras de la multiplicación. Ojo, estos problemas no implican realizar multiplicaciones formales y no buscan introducir la multiplicación con calzador buscando eso del «cuanto antes, mejor». Para nada. De nada servirá que les pidamos memorizar las tablas en 1.º de primaria si no conocen contextos en los que puedan usarlas.

También las situaciones que caben en una tabla de doble entrada o en una estructura de árbol están relacionadas con la multiplicación. Veremos más adelante los árboles. Sobre las tablas de doble entrada diré que nos aportan un recurso muy visual que dota de sentido a nuestras denostadas tablas de multiplicar. Llamamos tabla pitagórica a una disposición rectangular en la que la primera fila y primera columna hacen de encabezamientos. La mostramos con regletas, pero se podría construir perfectamente sin ellas (y llegar hasta el 12, como se suele hacer en el Reino Unido). En el interior de la tabla ponemos tantos del horizontal como indique el vertical; esto es, en la fila 5, columna 6, encontramos cinco seises. Cuando construyes con niños las tablas pitagóricas completas con regletas se genera una conexión, una imagen mental, un modelo de lo que son las tablas de multiplicar.

Para construirlas todas hace falta un buen puñado de regletas. Se pueden utilizar tiras de papel. En todo caso, sin llegar a tanto, la construcción de la esquina que va entre el 1×1 y el 4×4 merece bastante la pena:

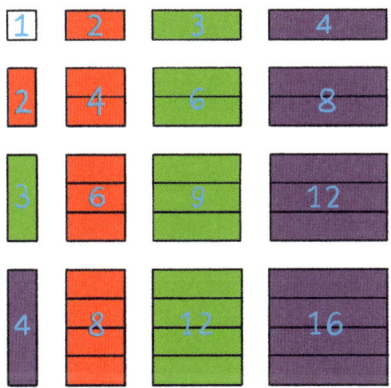

Hemos «aumentado» la imagen escribiendo sobre ella los números que representan, y así apreciamos mucho mejor el patrón de repetición que hay en ellas. Los números a la izquierda de la diagonal y sobre la diagonal están repetidos. ¡Es la propiedad conmutativa! ¿Y los que ocupan la diagonal? ¿No tienen ningún patrón? Claro que sí: son los cuadrados perfectos. El cuadrado de 1, el de 2, el de 3 y el de 4. En las tablas de multiplicar todos los números son rectangulares (puesto que tienen una base y una altura), pero hay algunos privilegiados que, además de tener cuatro ángulos rectos, son cuadrados. El lado que tienen esos cuadrados es su raíz cuadrada. Por eso decimos que 4 es la raíz cuadrada de 16. Pero ¡cuidado! En las tablas completas 16 sale más veces, porque también aparece como 8×2, por ejemplo:

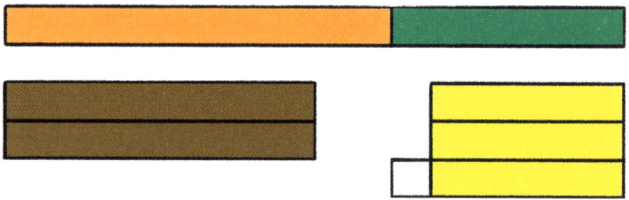

Otras representaciones del 16, ninguna tiene forma de cuadrado.

Para hacer una raíz cuadrada con regletas tendremos que encontrar una representación del número que tenga forma de cuadrado; para el 16 es la que está formada por cuatro cuatros. Veamos otro ejemplo, vamos a calcular la raíz cuadrada de 58.

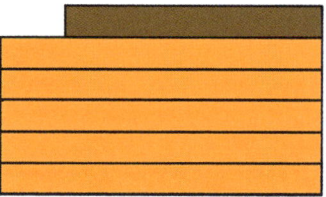

¿Es 58 un cuadrado? Puesto así no lo parece, pero tampoco 16 lo parecía y fíjate al final como sí que lo era.

Tampoco ahora, pero al cambiar los 5 dieces por 10 cincos se me ha ocurrido una idea:

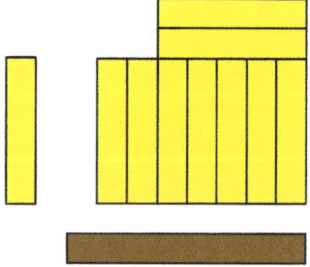

Ya veo el final del problema: si cambio el cinco de la izquierda por dos doses y un uno…

Ya está: el cuadrado mayor que se puede hacer con 58 unidades tiene lado 7, y me sobran 9. Por tanto, la raíz cuadrada de 58 es 7 y sobran 9, que es el resto. Y sí, el resto de la raíz cuadrada puede ser mayor que el resultado; sin ir más lejos, si en lugar de 58 hubiera tenido 59, el resto en lugar de 9 habría sido 10.

Cada vez que construyo la imagen amarilla y roja de arriba me viene una fórmula a la cabeza. Se trabaja en secundaria y ha infligido tanto dolor —y generado tantos errores— que me gustaría contártela: ¿recuerdas las identidades notables? Aquello de que el cuadrado de una suma es el cuadrado del primero más el cuadrado del segundo más el doble producto del primero por el segundo. La fórmula que los profes de matemáticas hacemos memorizar es esta: $(a+b)^2=a^2+b^2+2\times a\times b$. Que nos hicieran alguna vez aprender de memoria aquellas fórmulas era también un sinsentido. Sobre todo, porque las aplicábamos solo de izquierda a derecha, cuando eso solo nos ahorra un paso en un desarrollo de una multiplicación.[*] Y no digo que no sirvan para nada, en absoluto. Son muy útiles cuando conseguimos utilizarlas de derecha a izquierda, cosa que ocurre en bachillerato. Así que, si vamos a utilizarlas en el desarrollo de una integral o una fórmula, expliquémoslas entonces. Esto es lo que se hace en el currículo británico, en el que la fórmula no se da hasta bachillerato, con la madurez que ello implica, y aun entonces se les cuenta el proceso para que elijan si quieren desarrollar o prefieren memorizar la fórmula. Sea como fuere, mira la imagen de la raíz cuadrada y dime si no te recuerda algo… Un momento, voy a separarlas un poco y a poner encima de los rectángulos sus valores. A ver ahora:

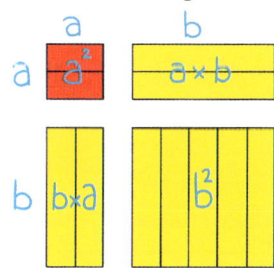

El cuadrado del primero, dos veces el primero por el segundo y el cuadrado del segundo (y sí, he utilizado a×b=b×a).

*

En efecto si desarrollo el cuadrado $[(a+b)^2=$ $=(a+b)\times(a+b)]$, aplicando la distributividad de la multiplicación obtengo $(a+b)^2=a^2+a\times b+b\times a+b^2=$ $=a^2+2\times a\times b+b^2$. Memorizar la fórmula solo me ahorra un paso en dirección de izquierda a derecha. Otra cosa es cuando quiera transformar una suma en un cuadrado, lo que implica aplicar el procedimiento, o leer la fórmula, de derecha a izquierda.

Mucha gente me pregunta si se deben aprender las tablas de memoria. Yo siempre respondo que las tablas al final hay que sabérselas de memoria. No es lo mismo. Habremos empezado con problemas que precisen de sumas reiteradas y con situaciones que implican multiplicación, como las combinatorias o las que se pueden representar en árboles. Cuando hayamos hecho suficientes problemas de estructura multiplicativa y hayamos calculado muchos dobles y muchos triples de cosas (a mano, de cabeza y con calculadora), entonces, solo entonces, nos pondremos sistemáticos con las tablas. Y aunque no utilicemos regletas, mientras dura la transición a unas tablas en el «orden correcto» o mientras no aparezca algún poeta que nos haga una letra en condiciones, yo utilizaría unas tablas pitagóricas como estas:

1	2	3	4	5	6	7	8	9	10	11	12
2	4	6	8	10	12	14	16	18	20	22	24
3	6	9	12	15	18	21	24	27	30	33	36
4	8	12	16	20	24	28	32	36	40	44	48
5	10	15	20	25	30	35	40	45	50	55	60
6	12	18	24	30	36	42	48	54	60	66	72
7	14	21	28	35	42	49	56	63	70	77	84
8	16	24	32	40	48	56	64	72	80	88	96
9	18	27	36	45	54	63	72	81	90	99	108
10	20	30	40	50	60	70	80	90	100	110	120
11	22	33	44	55	66	77	88	99	110	121	132
12	24	36	48	60	72	84	96	108	120	132	144

Sí, hasta el 12. ¿Por qué no? Tampoco hay que aprendérselo del tirón.

En la tabla de arriba se puede dejar en blanco una fila o una columna, se puede dejar «muda» toda una región, o se pueden colorear patrones, señalando con un color los números que no se repiten, y con otro distinto los que se repiten más de dos veces. ¿Cuáles son los que aparecen un número impar de veces?

1 ⁜ Hay una multiplicación histórica que no precisa de las tablas para realizarse, y que solo requiere saber calcular dobles. No es muy eficiente (no se puede tener todo), pero funciona. Es la multiplicación egipcia. Veamos un ejemplo. Fíjate bien porque el ejercicio consiste en explicar por qué funciona. Voy a calcular 35 × 95, 35 veces 95.

1	95	Coloco 1 y 95 (que es una vez 95)
2	190	Doblo los dos números, 190 es el doble de 95
4	380	Repito el paso anterior
8	760	Repito el paso anterior
16	1520	Repito el paso anterior
32	3040	Repito el paso anterior; paro, porque de seguir calcularía 64 veces 95 y no me hace falta

Como 35 es 32 + 2 + 1, el producto buscado es 3040 + 190 + 95 = 3325. ¿Me puedes explicar por qué?

2 ⁜ Siempre he hecho cálculos con las matrículas de los coches. Mi favorito era el de buscar una igualdad utilizando las cuatro cifras como cuatro números independientes, en cualquier orden y con cualquier operación. Por ejemplo, si ves una matrícula con las cifras 4669 —las de mi coche— podremos conseguir una igualdad haciendo 4 × 9 = 6 × 6, y si fuera 1289 podríamos hacer 9 - 8 = 2 - 1. Hay otras cifras con las que conseguir una igualdad semejante es más laborioso: tuve un Citroën ZX con matrícula 2623, y había que utilizar las potencias para conseguir la deseada igualdad; $2 + 6 = 2^3$. Llevo años jugando a este juego, que me ha amenizado atascos y caminos por rutas que no ofrecían otros incentivos. He llegado a preguntarme si habrá alguna manera de determinar *a priori* cuál es el porcentaje de matrículas que lo permiten, cosa que no es fácil porque nunca se sabe si no has encontrado la igualdad o es que no la hay, por ejemplo, en el caso de 4449 (¿la encuentras tú?). Es un problema muy abierto y muchas veces me he visto tentado de empezar un cuaderno y escribir los posibles números que hay y

probar. Tampoco habría que escribirlos todos: las matrículas que tienen dos ceros o más ya están resueltas, ¿no?

Recientemente un amigo* compartió esta variante, mucho más acotada. Es, además, un ejercicio tremendo para repasar las tablas de multiplicar:

Encuentra las matrículas en las que sus dos primeras cifras multiplicadas resultan el número que forman las dos siguientes.

6 x 9 = 54

Por ejemplo, 6954 FDR cumple la propiedad, mientras 8842 CKK, no (debería ser 8864). ¿Cuántos vehículos cumplirán el juego de la multiplicación que acabamos de describir? (Puedes pensar en porcentaje de vehículos o, por hacerlo más simple, puedes imaginar toda la serie de coches con las letras ya fijas, pongamos CKK, desde el 0000, hasta el 9999).

3 ✵ El cuadro de la página 111 (tablas pitagóricas de 1 a 4) es de hecho una descomposición del número 100 (tiene 1+2+3+4 de ancho y 1+2+3+4 de alto), pero no acaban ahí sus curiosas propiedades numéricas.

*

José Pol Lezcano, profesor de secundaria y autor de lacalculadoradealicia.es, una calculadora *online* que resuelve las operaciones aritméticas como se hacen tradicionalmente en la escuela. Es una manera de comprobarlas, y de que dejen de mandarse fotocopias repletas de «cuentas», que resultan aburridas e improductivas.

Lo podemos utilizar para dar una demostración visual elemental de una propiedad que se estudia en 1.º de carrera (de Matemáticas). Es esta: los primeros 4 cubos suman lo mismo que el cuadrado de la suma de los primeros 4 números. Compruébalo. ¿Te atreves a demostrarlo?

¿CÓMO REPARTIR 8 ENTRE 0,5?

Seguro que lo has oído, puede que hasta lo hayas dicho; alguna vez lo has pensado, reconócelo: «Dividir es repartir». La primera observación que hay que hacerle a la frase parece un matiz, pero es algo más. Como poco habrá que «repartir en partes iguales». Piénsalo. Le dices a un niño de tres años que le vas a dar 4 galletas para él y su amiguito, pero que antes de dárselas te tiene que explicar cómo las va a repartir. Puede que se plantee un reparto «justo» y que cada uno se quede con 2, pero es también posible que te diga que se va a quedar con todas, que le va a dar la mitad a su amigo o que se quedará con 3 porque «él tiene más hambre». La primera de estas tres últimas opciones no es un reparto, pero las otras dos, sí.

La segunda observación tiene más profundidad: no basta con «repartir en partes iguales». Considera el siguiente enunciado:

> *Tengo 18 metros de cinta roja para poner lazos en regalos. Cada lazo necesita 75 centímetros de cinta. ¿Cuántos lazos puedo hacer?*

Si has pensado que hay que dividir 18 entre 0,75, es que sabes cómo se hace el problema, pero ¿sabes por qué? ¿No decíamos que dividir es repartir en partes iguales? Desde luego que aquí vamos a hacer partes iguales, pero no vamos a hacer ningún reparto; por mucho que a cada regalo le vaya a tocar un lazo, no es un reparto. Si empatizamos con el protagonista del problema, es muy posible que pensemos que hay que restar sucesivas veces 75 centímetros de 18 metros, o sea, de 1800 centímetros:

$$1800 - 75 - 75 - 75 - 75 - 75 - 75 - 75 - 75 - 75 - 75 - 75 - 75$$
$$- 75 - 75 - 75 - 75 - 75 - 75 - 75 - 75 - 75 - 75 - 75 - 75 = 0$$

En efecto, podemos cortar 24 trocitos de 75 centímetros de los 18 metros que teníamos. Por el camino puede que encontremos alguna regularidad, por ejemplo, que 4 lazos necesitan 3 metros de cinta, que en 18 hay 6 veces 3 metros y, por tanto, con 18 metros puedo hacer 6×4, ¡24 lazos! *

$$\underbrace{0,75_M + 0,75_M + 0,75_M + 0,75_M}_{3 \text{ METROS}} + \underbrace{0,75_M + 0,75_M + 0,75_M + 0,75_M}_{3 \text{ METROS}} + ... = 18 \text{ METROS}$$

Acabamos de ver un ejemplo de una situación que tiene nombre: división medida. Independientemente de la estrategia que utilicemos, son problemas «de medir» que se pueden resolver como divisiones. Dividir es mucho más que repartir.

A los que tenemos una edad puede que se nos haya pasado por la cabeza resolver este problema con una «regla de tres», ¿te suena? Si con 0,75 metros hago un lazo, con 18 haré x:

0,75 METROS	1 LAZO
18,00 METROS	x

¿La recuerdas? Ahora hacíamos aquello de «este por este entre este», concretamente: 18×1÷0,75 y ya está. Pero ¿por qué? Cuando un alumno me dice que prefiere seguir utilizando la regla de tres le digo que me explique cómo funciona. Si tú eres también de los que la prefieren, mejor prepárate una respuesta por si nos encontramos un día de estos.

La regla de tres es poco transparente. Y eso ya la haría poco recomendable, pero tiene algo peor: además de relaciones de proporcionalidad directa (para hacer más lazos gastamos más cinta), también las hay de proporcionalidad inversa. Y si resolvemos las

*

24 veces 0,75 metros es 18 metros, 24×0,75=18. Como la división es la operación inversa de la multiplicación, esta operación resuelve tanto la pregunta de «¿cuántos trozos saldrán de tamaño 0,75?» como la pregunta de «¿qué tamaño tendrá cada trozo si hacemos 24 trozos?

primeras con una regla que no terminamos de tener claro por qué se aplica, a ver cómo la aplicamos en las segundas:

Dos pintores emplean 6 horas en pintar 60 metros de muro. ¿Cuánto tiempo habrían empleado si en lugar de ser 2 fueran 3?

2 PINTORES ———————————— **6** HORAS

3 PINTORES ———————————— **X**

Si procedo como antes: $3 \times 6 \div 2 = 9$. ¡Nueve horas! Es absurdo. La explicación es que la relación de proporcionalidad en este problema es inversa. Así que en el «este por este entre este» hay que cambiar de «estes». Cuantas más personas haya pintando, menos horas tardarán en terminar. La mejor estrategia en este caso es la de calcular cuántas horas de faena hay: si 2 pintores terminan en 6 horas es porque hay faena para 12 horas; si asumimos que se reparte a partes iguales entre 3, acabarán en 4 horas. Como digo, todo esto en condiciones ideales, sin pintores distrayéndose ni comentando el partido de ayer. También hay reglas de tres compuestas, en las que intervienen más magnitudes. He puesto una en la sección de ejercicios.

A veces la división se deja indicada. No es porque nos dé pereza o no sepamos hacerla, sino por otros motivos. El ejemplo más cotidiano es el que representan los números racionales o fraccionarios. Además de valer 0,5, «uno entre dos» es también ½, un número fraccionario que puede indicar, entre otras cosas, que hemos dividido algo en dos partes (denominador) y nos hemos quedado con una (numerador). O que nos vamos a quedar con la mitad, o que vamos a lanzar una moneda al aire...

Cuando enseñas matemáticas a adultos, hay una regla muy fácil para que sepan cuál de los números de la fracción es el numerador y cuál es el denominador: cuando pides en la barra del bar un tercio, está bastante claro el número de cervezas que quieres (una) y cuál es su denominación (tercio). El ejemplo de las cervezas nos puede servir para entender bastante bien propiedades y operaciones sencillas con fracciones. Está claro que si has tomado 2 tercios y luego otros 2, además de ganas de ir al baño tendrás en la cuenta 4 tercios:

$$\frac{2}{3} + \frac{2}{3} = \frac{4}{3}$$

Esto se generaliza a la muy razonable regla de que para sumar fracciones con el mismo denominador lo que tienes que hacer es sumar los numeradores (¡y no tocar los denominadores!).

Si consumes tres tercios habrás bebido un litro, esto es, $\frac{3}{3} = 1$. Volvemos a encontrar números que valen igual, pero que no son lo mismo. Por eso con los números racionales se habla de fracciones equivalentes.

Por agotar el modelo cervecero: si pides una tercera ronda de 2 tercios, habrás pedido 3 veces 2 tercios y estaremos ante la regla de cómo multiplicar fracciones por números naturales: $3 \times \frac{2}{3} = \frac{6}{3} = 2$ litros. Y no sigamos con este ejemplo, o mañana nos dolerá la cabeza.

Para entender qué ocurre cuando dividimos una fracción entre un número natural vamos a recurrir a otro ejemplo, más propio del horario infantil: ¡chocolate! Imagina que te han dado media tableta de chocolate y te dispones a comerla —tragaldabas— cuando llega un amigo y te propone repartirla en dos partes iguales; está claro que cada uno os quedaréis con un cuarto de la tableta original:

$$\frac{1}{2} : 2 = \frac{1}{4}$$

Tiene sentido. Si en lugar de llegar un amigo hubieran llegado dos, tendríamos que haber dividido nuestro medio en tres partes iguales y cada uno habría tocado a $\frac{1}{2} : 3 = \frac{1}{(2 \times 3)} = \frac{1}{6}$. Hemos dicho que el denominador era el número de trozos en los que dividíamos nuestra unidad, así que si hay que hacer un nuevo reparto es lógico que tengamos que subdividir ese número. Aunque resulte contrario a la intuición, subdividir es sinónimo de multiplicar cuando estamos en el denominador. Puede que esta operación pertenezca a esa gran categoría de operaciones que hacemos sin pensar muy bien cuál es su sentido; puede que incluso la aprendiéramos como producto cruzado, $\frac{1}{2} : 3 =$

$$\frac{1}{2} \diagup \frac{3}{1} = \frac{1 \times 1}{2 \times 3}$$

Puede que no lo recuerdes, pero te aseguro que muchos alumnos hoy lo siguen aprendiendo así. Desde luego es una regla mnemotécnica fácil de recordar y potente, porque sirve para dividir cualquier par de fracciones; incluso los terribles «castillitos» que tanto atormentan a los alumnos de 6.º de primaria y 1.º de la ESO:

$$\frac{\frac{3}{8}}{\frac{2}{7}} = \frac{3}{8} : \frac{2}{7} = \frac{3 \times 7}{8 \times 2} = \frac{21}{16}$$

¡Ya sabemos resolver castillitos! Ahora solo hace falta saber para qué sirven. Y tengo que confesarte que aún no he encontrado una utilidad práctica o un ejemplo de la vida real que los utilice. No pierdo la esperanza, ni tampoco la de que algún día alguien se decida a quitarlos del currículo.

Hace años que en mi blog (Tocamates.com) abrí un consultorio, lo llamé «Aló, Tocamates» y desde entonces me han llegado un buen número de consultas, muchas referentes a la división. Una decía así:

¿Por qué a veces al dividir, el resultado (cociente) es mayor que lo que estamos dividiendo (dividendo)?

Y me planteaba el siguiente ejemplo, por si no estaba claro el enunciado: si dividimos 0,5 entre un octavo, ¡sale cuatro!

La pregunta estaba bastante clara, después del arranque de este capítulo: porque dividir no es siempre repartir, porque a veces es medir cuántas veces se encuentra comprendido el divisor en el dividendo. Pero si mirabas el ejemplo, y la forma de hacer las divisiones de fracciones que me enseñó don Javier en 4.º de EGB, no parecía fácil de explicar: 1 × 8 en el numerador, 2 × 1 en el denominador.

$$\frac{1}{2} : \frac{1}{8} = \frac{1 \times 8}{2 \times 1} = \frac{8}{2}$$

Como 8 es divisible entre 2, resulta que la división vale 4. Como decía antes, un ejemplo más de procedimiento que hacemos sin plantearnos para nada el significado.

Con la posibilidad de mirar la división como medida podemos preguntarnos: ¿cuántas veces cabe un octavo en un medio? Y sí, cabe cuatro veces. Pero ¿y si pudiésemos hacer esta operación con las manos y demostrarlo de forma visual? Desde luego que sería un apoyo tremendo para entender lo que estamos haciendo. Se puede, apoyándonos en tiras de fracciones: tomas la tira que está rotulada con ½ , luego la que tiene el símbolo ⅛ . ¿Cuántas veces cabe la tira corta en la larga? ¿Cuántos octavos necesito para hacer un medio?

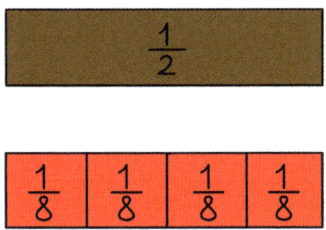

En la imagen de arriba se ve algo más, se observa que la suma de un octavo con un octavo da dos octavos y si la reiteramos 4 veces da, como no podía ser de otra forma, cuatro octavos. Vemos además que ⁴⁄₈ = ½ una demostración visual de dos fracciones equivalentes.

Hay un cambio pendiente en la enseñanza de las matemáticas en la escuela y creo que lo que acabamos de ver puede servir de modelo para explicarlo y entenderlo. Claro que podemos seguir enseñando cálculos o procedimientos. En mi experiencia he visto que disfrutan haciendo cálculos, sobre todo cuando estos tienen un significado. No es preciso que todo tenga una utilidad clara, solo que se entienda qué es lo que estamos haciendo, más allá del cómo lo hagamos o el cuánto da. El resultado de una operación no puede ser lo más importante; si fuese lo más importante, habríamos perdido la lucha contra las maquinitas (ordenadores, móviles, calculadoras…). Hace tiempo que disponemos de cacharros capaces de operar más rápido que la persona que más rápido calcule, y sin error, salvo el humano al teclear. Lo que cuesta más —y para la calculadora es casi imposible— es explicar lo que significa, el poner un ejemplo, el dar un procedimiento para implementarlo o inventar un problema en el que se usen esos números y operaciones. Los procedimientos estudiados de memoria no pueden ser el objeto de estudio de la clase de matemáticas, y si algo es demasiado difícil para que los alumnos de un curso determinado lo entiendan, y solo podemos ofrecerles que lo estudien de memoria, lo mejor que podemos hacer es retrasar ese momento hasta que estén preparados para entenderlo.

Una de las dificultades que encuentro cuando llevo regletas, bloques y tiras de fracciones a mis formaciones y talleres en colegios es que son de colores y parecen «juguetes infantiles». Sí que lo parecen. ¿Y qué? Si sirven para aprender, comprender, demostrar, explicar…, es que sirven para hacer matemáticas, y si encima resulta que son divertidos, que apetece jugar y ensayar con ellos, ¿cuál es el problema? Me consta que muchos colegios tienen estos materiales amontonando polvo en armarios desde hace lustros, no saben cómo utilizarlos y sienten que las matemáticas de mayores se tienen que hacer «con la cabeza». Estoy totalmente de acuerdo en que las matemáticas se hacen con la cabeza, pero entran por los sentidos: por los ojos, por las orejas, por las manos y se aprenden cuando se explican y experimentan. Por eso es tan importante hacer talleres y utilizar materiales.

Fue en un taller de matemáticas manipulativas con maestros en ejercicio donde me ocurrió algo que me ayudó a terminar de dar forma a mi manera de ver las matemáticas con materiales.

Los maestros estaban utilizando las tiras de fracciones de plástico que hemos visto antes. Teníamos una larga que representaba la unidad, dos que valían media unidad, tres que valían un tercio cada una y otras fracciones unitarias —con un 1 en el numerador: ¼, ⅕, ⅙, ⅛, ¹⁄₁₀ y ¹⁄₁₂—, todas de distintos colores.

En el taller reconocíamos el material y construíamos las distintas fracciones que valían la unidad. Como ya hemos visto doce doceavos* valen una unidad. Nuestro taller servía para hablar de operaciones elementales y fracciones equivalentes, y aun siendo elemental provocaba sorpresa al comprenderse al fin el sentido de «dividir entre 0,5».

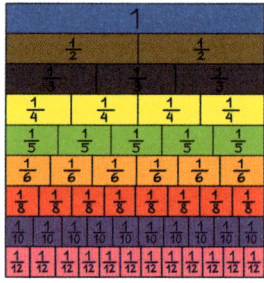

Un muro de fracciones hecho con tiras. Se puede comprar en plástico o imprimir (pon en Google «fraction tiles») y recortar.

Luego subía el nivel de dificultad con el siguiente reto. Pedía que construyesen la misma unidad utilizando esta vez fracciones distintas. O sea, conseguir una tira tan larga como la del 1 pero con todas las piezas de diferente tamaño (y color). Este problema me gustaba porque tenía varias soluciones que yo recordaba de memoria: ½, ⅓ y ⅙, o ½, ¼, ⅙ y ¹⁄₁₂. Cuando los maestros me daban una solución la apuntábamos en la pizarra y les pedía que siguieran buscando, hasta que agotábamos las soluciones conocidas. Así que me sorprendió oír a un grupo que había encontrado una solución nueva:

＊

-avo es el sufijo castellano para el partitivo. ⁷⁄₂₀ se lee «siete veinteavos». No es el sufijo para ordinales; si has llegado a la meta en el puesto 20, eres el *vigésimo*.

—*Profe*, tercio, quinto, sexto, octavo, décimo y doceavo también dan una unidad.

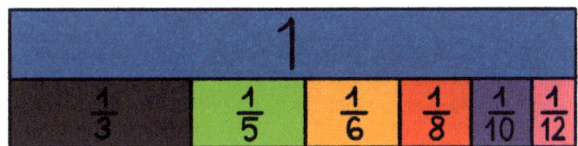

Me gustaría que lo probaras. Desde luego que parece una unidad. Si las tiras estuviesen impresas en papel y las pusiéramos juntas nos quedaríamos convencidos de que las que me proponían desde ese grupo eran una solución, pero no estaba entre las que yo había memorizado. Me volví a la pizarra y dije que había que comprobarla.

La comprobación de que ½, ⅓ y ⅙ sumaban una unidad completa se podía hacer con material: observa que, con lo que sabemos, ⅙ cabe 2 veces en ⅓ (²⁄₆ son equivalentes a ⅓) y 3 en ½ (³⁄₆ valen ½), por lo que la suma da ⁶⁄₆, una unidad completa:

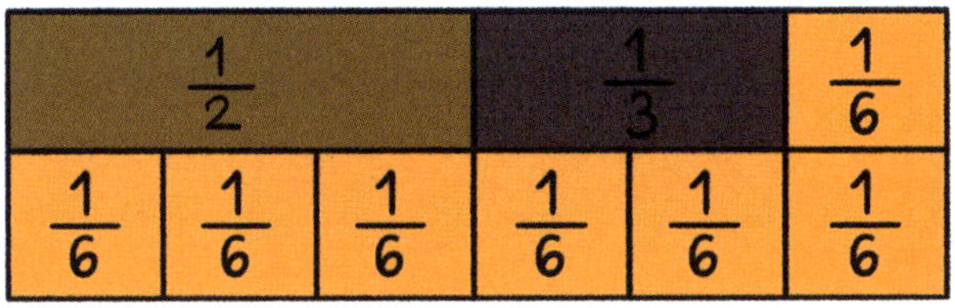

½			⅓		⅙
⅙	⅙	⅙	⅙	⅙	⅙

Para la nueva solución no me valía una demostración manipulativa, sino que había que buscarla aritméticamente. Porque para poder sumar tercios, quintos, octavos... necesitaba una tirita que fuera capaz de medirlas todas, que cupiera un número exacto de veces en ⅓ a la vez que otro número exacto de veces en ⅕, otro en ⅙, etc. ¿Cómo encontraríamos un número capaz de dividir a ⅙ a la vez que a ⅕? Como 5 y 6 son números que no tienen divisores comunes, el primer número que divide a ⅙ y a ⅕ es ⅙ dividido en 5 trozos, esto es, ¹⁄₃₀. El número 30 es el primero que es múltiplo a la vez de 5 y de 6; por eso recibe el nombre de mínimo común múltiplo. El mínimo común múltiplo me dará el menor denominador que me permita medir sin que sobren ni falten quintos ni sextos. ¹⁄₃₀ cabe 5 veces en ⅙ y 6 veces en ⅕.

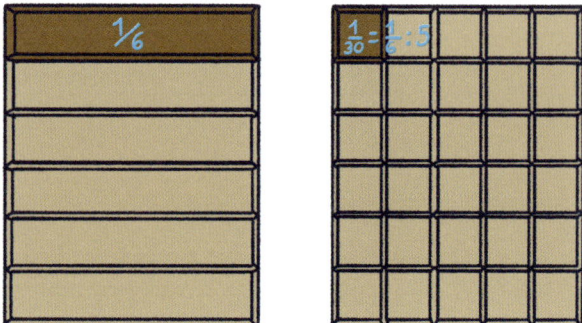

¹⁄₃₀ (derecha) cabe 5 veces en ¹⁄₆.

Procediendo así llegamos al primer número que es a la vez múltiplo de 3, 5, 6, 8, 10 y 12, que es 120. Su fracción unitaria podrá medir a los tercios, quintos, sextos… ¿Cuántos ciento veinteavos caben en un tercio?

$$\frac{1}{3} : \frac{1}{120}$$

Si me sigues, puede que ya hayas decidido que es mejor la manera en la que don Javier me enseñó a calcular que la división de arriba es 40. Desde luego es más rápida. Lo que no podrás negar es la importancia de saber qué es lo que nos estamos preguntando; luego podremos resolverlo como queramos. Es seguro que demostrarlo con tiras de plástico no es lo más eficiente y nadie va a querer hacerlo así después de un tiempo. Lo importante es que nos habrá dado un modelo para entender la división también como medida y no solo como reparto. Así que ahora que sabes lo que significa y por qué funciona ya puedes hacerlo como te sea más cómodo.

Terminemos el problema: ¿cuánto suman ¹⁄₃ + ¹⁄₅ + ¹⁄₆ + ¹⁄₈ + ¹⁄₁₀ + ¹⁄₁₂? Si construimos las fracciones equivalentes (poniendo denominador común, la forma en la que se suman las fracciones que tienen distinto denominador):

$$\frac{40}{120} + \frac{24}{120} + \frac{20}{120} + \frac{15}{120} + \frac{12}{120} + \frac{10}{120}$$

Llegados a este punto de la demostración ya sabemos, aunque no usemos calculadora, que no iba a sumar una unidad; los numeradores son todos pares menos uno, la suma va a dar seguro impar (¿verdad?). Y sí, la suma anterior da:

$$\frac{121}{120}$$

Esto es uno y una pizca más. Una pizca que es menos de un céntimo, exactamente uno partido de 120, un ciento veinteavo más que la unidad, 1,008333...* y, sin embargo, es suficiente para que la solución no sea solución. Tragué saliva y les dije a mis maestros que no era solución y seguimos adelante, con la sensación de que me habían pillado, habían encontrado un fleco, un *bug* en el problema.

Quiero pensar que todos los que damos charlas, talleres y conferencias sentimos en algún momento el síndrome del impostor. Yo en ese momento lo sufrí, quería que me tragase la tierra, que acabara el taller cuanto antes. Pasamos a otra actividad con otro material, el miedo se pasó, no hubo nuevos sobresaltos y al terminar el taller volví apesadumbrado a casa. Era una actividad que me gustaba, con un material interesante y no muy conocido. Disfrutábamos y aprendíamos mucho y ahora habría que cambiarla, que buscar otra, ya que esta inducía a errores. Durante la noche me desperté sobresaltado: ¡no había que cambiar la actividad! Al contrario, la iba a desplazar al final del taller para que fuese la que nos ayudase a formular una conclusión. ¿Cuál podría ser esa conclusión?

La manipulación y el comprobar con los ojos las propiedades matemáticas de los números es fundamental, aunque a veces resulte poco eficiente. Mejora la motivación y la comprensión. La lentitud no es un hándicap, sino que ayuda a que se vaya abandonando como manera más eficiente de obtener resultados y se deje solo como manera de ejemplificarlos. Pero al ser, como acabamos de ver, una vía de entrada de errores tiene que ser desde el primer minuto cuestionada, falsada o respaldada por la simbolización y el cálculo, por la demostración matemática. Hay que tener en cuenta que las matemáticas que se forman con las manos y que entran por los ojos están sujetas a los errores que manos y ojos permiten, mientras que las matemáticas siempre se hacen con la cabeza y allí es adonde hay que llegar. Esta experiencia no desacredita las matemáticas manipulativas, sino que las pone en perspectiva, y sobre todo coloca la percepción y la manipulación en su lugar frente a la razón. El ojo puede dar por inexistente un error menor al 1 %, hace bien; la mente no debe.

*

Los puntos suspensivos quieren decir que hay una infinidad de treses detrás del 8 que ocupa las milésimas. Es un ejemplo de número periódico. Mira los ejercicios si quieres saber más sobre estos.

El error que cometimos al creer que $^{121}\!/_{120}$ valía 1 es justamente la diferencia entre el valor real (1) y el que hemos tomado como bueno ($^{121}\!/_{120}$ = 1,00833333…). Esa diferencia en valor absoluto, sin signo, recibe el nombre de error absoluto. Equivocarte en ocho milésimas no es ni mucho ni poco, depende de las unidades: no es lo mismo equivocarse en 8 milésimas de metro cuando citas de memoria el radio de la Tierra que cuando operas con láser un ojo. Por eso en ciencias se suele tomar el error relativo que divide al error absoluto entre el valor real y hace que el resultado esté desprovisto de unidades. Al ser 1 el valor real, en nuestro ejemplo tanto el error absoluto como el relativo valen 0,008333. Cuando hablamos de errores relativos se suelen dar en tanto por ciento, es por tradición —ya sabes—. Consiste en imaginar que el número 1 está compuesto de 100 partes y preguntarnos cuántas de esas hemos tomado. Nuestro error, ligeramente menor a un céntimo, es, por tanto, de 0,8333…%. ﹡

El algoritmo de la división tampoco es de los más transparentes que hay; al contrario, nadie tiene del todo claro qué hace cuando hace una división con lápiz y papel. Vamos a verlo; por ejemplo, 2381 entre 35:

$$
\begin{array}{cccc|cc}
2 & 3 & 8 & 1 & 3 & 5 \\
2 & 8 & & & 6 &
\end{array}
$$

238 entre 35 es 6, 6 por 35 son 210, que a 238 da 28; ahora bajo el 1, ¿no?

$$
\begin{array}{cccc|cc}
2 & 3 & 8 & 1 & 3 & 5 \\
2 & 8 & 1 & & 6 & 8 \\
& & 1 & & &
\end{array}
$$

Como 35 por 8 son 280, me sobra 1 y he terminado la división: cociente 68 y resto 1. Chimpón. Pero ¿qué he hecho? Aplicar un algoritmo, ¿cómo lo he hecho? Siguiendo unas reglas. ¿Qué significa lo que he hecho? Vete tú a saber.

Déjame que la repita, entrando un poco más en detalle. Lo primero que voy a hacer es apoyarme en la descomposición canónica de 2381, 2000 + 300 + 80 + 1, dos unidades de millar, tres centenas, ocho decenas y una unidad:

$$
\begin{array}{cccc|cc}
\text{UM} & \text{C} & \text{D} & \text{U} & & \\
2 & 3 & 8 & 1 & 3 & 5
\end{array}
$$

Para entender esta división voy a interpretarla como un reparto. Cuando tratas de repartir 23 entre 35 no estás tomando 23 objetos, estás tomando 23 centenas, porque el número 2381 tiene dos unidades de millar completas y tres centenas. Pero como vimos al hablar de los bloques de base 10, 2 unidades de millar y 3 centenas son 23 centenas completas:

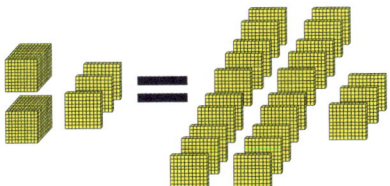

Pero si quiero repartir 23 entre 35 vemos que no nos llega, «no cabe»; no queda más remedio que llevarnos el gorrito hasta el 8, o sea, mirarlo como 238 decenas:

$$\begin{array}{cccc} \text{UM} & \text{C} & \text{D} & \text{U} \\ 2 & 3 & 8 & 1 \end{array} \Big| \begin{array}{cc} 3 & 5 \end{array}$$

Así que lo que estamos repartiendo ahora son decenas (barritas, si lo miramos en base 10), y por tanto al repartirlas entre 35, tocamos a decenas, así que el 6 que resulta ya sé que son decenas:

$$\begin{array}{cccc} \text{UM} & \text{C} & \text{D} & \text{U} \\ 2 & 3 & 8 & 1 \end{array} \Big| \begin{array}{cc} 3 & 5 \\ 6 & \\ \text{D} & \end{array}$$

Observa que esto podría ser suficiente: ya sé el orden de magnitud del resultado y su primera cifra, tocamos a decenas y no a tres ni a cuatro, a seis. Imagina que estoy haciendo esta división porque me han presentado una factura y el resultado es trescientos y pico. Puedo ya saber que se han equivocado al teclear, tal vez no necesite seguir. Pero continuemos, además explicitando una operación que antes hemos hecho de cabeza: la resta.

$$\begin{array}{cccc} \text{UM} & \text{C} & \text{D} & \text{U} \\ 2 & 3 & 8 & 1 \end{array} \Big| \begin{array}{cc} 3 & 5 \\ 6 & \\ \text{D} & \end{array}$$
$$\begin{array}{cccc} - & 2 & 1 & 0 \\ & & 2 & 8 \end{array}$$

Claro, hemos repartido 238 decenas entre 35, tocábamos a 6 decenas cada uno, 35 veces 6 decenas son 210 decenas, hasta las 238 decenas que teníamos sobran 28 decenas. Ahora bajo el 1 y tendré 281 ¿decenas? No, unidades:

```
UM  C  D  U
 2  3  8  1   | 3  5
-   2  1  0     6
    2  8  1   D  U
```

Hago lo mismo que antes. Si algo me gusta del algoritmo de la división es que es iterativo: se repite la misma operación solo que con números más pequeños; pero es perfectamente posible pararse a pensar qué es lo que estamos haciendo o acercarse al baño a hacer pipí entre un paso y el otro. Yo lo he hecho mientras escribía esto en el tren camino de León, donde doy un curso esta tarde. Ya, mucho mejor. ¿Dónde estábamos? Sí, íbamos a dividir unidades:

```
UM  C  D  U
 2  3  8  1   | 3  5
-   2  1  0     6  8
    2  8  1   D  U
-   2  8  0
          1
```

Y lo que me ha sobrado, el resto, es una unidad, un cubito. Si quisiéramos seguir, obteniendo decimales, bastaría considerar que esa unidad se subdivide en 10 décimas; como 10 décimas no se pueden repartir entre 35, pondríamos un 0 en el cociente a la altura de las décimas: 68,0. Ya que estamos, demos un paso más: pensemos que son euros y llevemos la operación hasta los céntimos. Como no hemos podido repartir los 10 décimos, los convertimos en 100 céntimos, que entre 35 tocamos a 2, 2 céntimos 35 veces son 70 céntimos, por lo que de nuestro dividendo original sobran 30 céntimos, que son el resto. El cociente de nuestra división es 68,02 y la prueba de que no nos hemos equivocado es que 35 veces 68,02 da como resultado 2380,70, que sumado a los 30 céntimos (0,30) del resto hace los 2381 del dividendo original.

Todo el razonamiento que hemos hecho en estas páginas para el algoritmo interpretaba la división como un reparto. ¿Qué pasará cuando no podamos hacerlo así? Bien porque el contexto en el que se nos plantee la operación sea el de medir, bien porque el divisor contenga decimales y no haya manera, ¿qué puede significar repartir entre 0,8? Resulta inevitable aprender la regla de memoria, sin contexto ni posibilidad de interpretarlo. Un momento, ¿dije «inevitable»? No lo es, para nada; con realizar una pequeña adaptación, nuestro algoritmo tradicional se convierte en una herramienta con la que podemos hacer divisiones «de medir», de las de ver cuántas veces cabe el divisor en el dividendo.

El siguiente enunciado, como los peores telefilmes, está basado en hechos reales:

El pasillo de mi casa mide 4 metros y mis zapatos, 35 centímetros (uso un 48). ¿Cuántos zapatos podré poner a lo largo del pasillo de mi casa?

Seguro que ya has notado que el problema tiene una trampa y es que no están en la misma unidad. Para resolverlo, voy a pasar mis zapatos a metros. Como un metro tiene 100 centímetros, mis zapatos miden 0,35 metros, aunque cuando los miro no me parezcan tan grandes. Voy a colocarle al 4 su unidad, son 4 metros:

$$
\begin{array}{c|l}
\text{M} & \text{M} \\
4 & 0,\ 3\ 5 \\
\end{array}
$$

No nos sabemos la tabla del 0,35, pero podemos construirla:

NÚMERO DE ZAPATOS	LONGITUD
1	0,35
2	0,7
...	...
10	3,5

En realidad, la tabla no es necesaria. Lo ideal sería que a estas alturas supiéramos hacer esas operaciones de cabeza, pero no está de más saber que puede hacerse.

$$
\begin{array}{c|l}
\quad\ 4 & 0,\ 3\ 5 \\
-\ 3,\ 5 & \quad 1\ 0 \\
\hline
\ 0,\ 5\ 0 &
\end{array}
$$

Llegados aquí, observamos que el resto es medio metro, que aún cabe un zapato más en mi pasillo, y procedemos a colocarlo:

$$
\begin{array}{rr|l}
 & 4 & \;0,\ 3\ 5 \\
- & 3,\ 5 & \quad 1\ 0 \\
\hline
 & 0,\ 5\ 0 & \qquad 1 \\
- & 0,\ 3\ 5 & \\
\hline
 & 0,\ 1\ 5 &
\end{array}
$$

Ya no caben más zapatos, el resto es 0,15 metros. ¿Cuántos hemos puesto? Diez y uno, eso es once, pues ya está, comprobamos que 11 veces 0,35 más 0,15 es 4 metros y listo.

Observa que esta división es muy interesante y que sirve para entender mucho mejor los problemas en los que en lugar de repartir hay que hacer grupos de igual tamaño. Veamos otro ejemplo:

La inscripción para la visita a Pamplona con motivo de los Sanfermines ha sido todo un éxito: 1260 murcianos han reservado plaza. ¿Cuántos autobuses de 54 plazas son necesarios para llevarlos a todos al Chupinazo?

Está claro que hay que repartir murcianos en autobuses, pero como no se sabe en cuántos autobuses vamos a repartirlos no tiene sentido pensar en esta división como un reparto. ¿Y si vamos empaquetando murcianos (con perdón)? Vamos cerrando autobuses. En 10 autobuses caben 540 personas:

$$
\begin{array}{rr|l}
 & 1\ 2\ 6\ 0 & \;5\ 4 \\
- & 5\ 4\ 0 & \quad 1\ 0 \\
\hline
 & 7\ 2\ 0 &
\end{array}
$$

Vaya, nos damos cuenta de inmediato de que podríamos haber cerrado ya otros 10 autobuses. Dejamos esa mejor aproximación para quien tenga más capacidad de cálculo mental, más experiencia en organizar viajes o en hacer divisiones, y procedemos a «llenar» otros 10 autobuses:

$$
\begin{array}{rr|l}
 & 1\ 2\ 6\ 0 & \;5\ 4 \\
- & 5\ 4\ 0 & \quad 1\ 0 \\
\hline
 & 7\ 2\ 0 & \quad 1\ 0 \\
- & 5\ 4\ 0 & \\
\hline
 & 1\ 8\ 0 &
\end{array}
$$

Hemos llenado ya 20 autobuses y todavía quedan 180 personas en tierra. Seguro que llenamos 3 más:

$$
\begin{array}{cccc|cc}
1 & 2 & 6 & 0 & 5 & 4 \\
- 5 & 4 & 0 & & 1 & 0 \\
\hline
& 7 & 2 & 0 & 1 & 0 \\
- 5 & 4 & 0 & & & 3 \\
\hline
& 1 & 8 & 0 & & \\
- 1 & 6 & 2 & & & \\
\hline
& & 1 & 8 & & \\
\end{array}
$$

Hay que tener cuidado a la hora de interpretar el resultado obtenido, pues no podemos decir que la solución es 23 autobuses. ¡Nos dejaríamos a 18 murcianos con el pañuelico comprado cantando el *Pobre de mí* antes de tiempo! Tendremos que poner un autocar extra, para dar solución al problema. Es muy importante interpretar siempre correctamente el problema. Además, siempre puede apuntarse alguien a última hora. Otra opción que tendríamos es no contratar ese vigésimo cuarto autobús y hacer *overbooking*, confiados en que habrá gente que se dé de baja —que es lo que hacen las compañías aéreas—. Sirva esto como ejemplo de lo importante que es interpretar las operaciones matemáticas.

En las explicaciones de las operaciones anteriores he dejado explícitas las restas en la división. Esto no es obligatorio; de hecho, cuando alguien sabe hacer la resta «de cabeza» y explicarme qué está haciendo, mi consejo es que siga haciéndola así, al igual que si no llega a explicitar la división y la resuelve multiplicando: si cubre sus necesidades y es capaz de explicar lo que ha hecho, no hay más que decir. Lo curioso es que el algoritmo así «expandido» (explicitando la resta) es como se enseña generalmente en primaria. Lo enseñamos así, y en algún momento pedimos que dejen de explicitar la resta y la hagan de cabeza. Las razones para hacerlo así suelen ser vagas; si preguntas a maestros te dicen que viene así en el libro, que es más rápida, que ahorra papel, que mejora el cálculo mental..., nadie tiene muy claro el por qué. Yo creo que es por tradición. Y las consecuencias son mucho más negativas que positivas.

Tres observaciones. La primera: si no explicitamos la resta, no podemos hacer la resta «preparada» que vimos. Tendremos que usar la otra. Desandar ese camino.

La segunda es que el algoritmo de la división «corta» vuelve a ser menos transparente que el otro, que se puede repasar sin problema y encontrar un posible error.

La última, no menos importante, es que en secundaria se da álgebra de polinomios. Los polinomios son una extensión de los números que no vamos a explicar aquí. Por supuesto que se pueden sumar y restar, con algoritmos muy parecidos a los vistos, también multiplicar. Es curioso cuando enseñas el algoritmo de la división. Solo hay algoritmo expandido. Los alumnos no recuerdan que lo aprendieron así y hay que volver a enseñarlo. Por lo que si han aprendido un algoritmo «corto» tendremos que volver a enseñarles que hay que hacer una resta. ¿Por qué no hacemos un único algoritmo y terminamos antes?

Si no te han convencido los argumentos anteriores tengo uno más. ¿Qué hacen los países de nuestro entorno? Revisando libros de texto de los países que sacan mejores notas en las pruebas internacionales encontramos que prácticamente nadie utiliza algoritmos cortos, y algo aún más sorprendente: no vemos apenas una sola división en la que el divisor tenga más de dos dígitos. Los estudiantes de esos países no dividen entre 371 ni entre 837, y sacan mejor nota que los nuestros en los mismos problemas de dividir. Curioso.

Al mirar lo que se hace fuera te encuentras con el algoritmo de la división inglesa. Parece otra de esas cosas que los ingleses «hacen al revés», pero resulta que le da bastante más sentido a la división. Coloca el divisor a la izquierda, y el cociente sobre el dividendo haciendo corresponder sus órdenes de magnitud; por supuesto que dejan las restas explícitas y además no dividen entre más de dos dígitos significativos (distintos de 0 al final o al principio de un decimal).

$$
\begin{array}{r}
9\ 3\ 2 \\
7\,|\,6\ 5\ 2\ 8 \\
-\ 6\ 3 \\
\hline
2\ 2 \\
-\ 2\ 1 \\
\hline
1\ 8 \\
-\ 1\ 4 \\
\hline
4
\end{array}
$$

En la división propuesta, 6528 entre 7, el primer paso es descartar dividir 6 entre 7; descartado esto, vemos que 65 entre 7 es 9;

colocamos el 9 sobre el 65, o sea, 9 centenas —porque eran 65 centenas—, y restamos a 65 el 63 (7 veces 9, o 9 veces 7, respectivamente, si estamos repartiendo entre 7 o haciendo grupos de 7 elementos). Hecha esta resta, nos quedarán por dividir 228 entre siete. Tomaremos las 22 decenas y veremos que el múltiplo de 7 que más se acerca a 22 es el 21, el que resulta de hacer 7 por 3, de ahí el 3 del cociente. Nos quedarán una decena y ocho unidades que dividir entre 7, 18 unidades, que entre 7 dan 2, y sobran 4. Claro.

¿Hacemos otra? Mejor que lo intentes tú. Divide 6480 entre 2 y 2180 entre 7.

El algoritmo es más transparente —además de explicitar restas— porque al corresponder órdenes de magnitud entre dividendo y cociente se transmite mejor que estamos viendo cuál es el número que cabe las veces que dice el divisor en el dividendo, o el resultado de repartir el dividendo en las partes que indica el divisor.

A principios del siglo XX, Max Wertheimer —fundador de la Gestalt— habló de enseñar conceptos globales antes de entrar en los detalles —en los que podíamos perdernos—. Wertheimer no estaba hablando de matemáticas, pero distinguía entre el pensamiento reproductivo: mecánico, memorizado para repetirse las veces que sea necesario; y pensamiento productivo, en el que el que está aprendiendo comprende, razona y trata de llegar a sus propias conclusiones. Cuando iba a la escuela y se acercaban las vacaciones o un puente, nos mandaban hojas «de repaso» repletas de sumas, multiplicaciones o la operación que se considerase oportuna. Recuerdo la rabia que me producían esas hojas: yo ya sabía hacer la operación y me resultaba un castigo repetirla treinta o cuarenta veces. No te lo vas a creer: se sigue haciendo. Es uno de los ejemplos más claros de que la práctica reproductiva sigue instalada en la escuela: el maestro en la fotocopiadora, y el alumno repitiendo operaciones. Wertheimer no supo de la práctica doblemente reproductiva, pero seguro que no le habría gustado. ¿Y si en lugar de hacerles repetir operaciones les diéramos un juego con el que hagan operaciones disfrutando?

Esto es lo que ocurre cada vez que en un taller con niños muestro a alumnos que están empezando a dividir el juego de «el resto cuenta». Lo primero que piden es un folio para poder hacer divisiones. Y eso ya es un éxito.

Es un juego ideal para jugar en parejas o en equipos. Se juega con tres dados. El objetivo es alcanzar 30 puntos en una carrera

en la que vamos añadiendo los restos de las divisiones enteras que se hacen en cada tirada. Se lanzan los tres dados; dos de ellos se agrupan para ser las cifras del dividendo, mientras el tercero será el divisor. En mi turno, organizo las cifras para buscar entre todas las combinaciones la que dé mayor resto en la división.

Imaginemos que en una tirada, me sale un 6, un 4 y un 2. Puedo hacer muchas combinaciones (¿cuántas?), por ejemplo 64 entre 2, que da resto 0, al igual que 46 entre dos. 42 entre 6 y 24 entre 6 también dan resto 0, 62 entre 4 da resto 2, como 26 entre 4; es por tanto el mejor resultado posible. Anoto 2 puntos y paso el turno a mi rival, lanza los dados y saca 3, 5 y 6, ¡qué suerte ha tenido!, podrá apuntarse 5 puntos haciendo 35 entre 6... Claro que si no lo ven podrían decir, por ejemplo, 63 entre 5, eso da resto 3, que es peor. Una manera de garantizarnos que el juego tenga la máxima corrección es que las dos parejas compitan por el mayor resto, y si una de ellas consigue uno mayor en el turno de la otra, le robe este. Dos reglas más que la experiencia me pide añadir: si los tres dados dan lo mismo, concedemos 3 puntos y podemos llamarlo «un triple», a pesar de que no hay manera de hacer un resto distinto de 0; la segunda es que en lugar de apuntarse solo el resto, escriban toda la prueba de la división, esto es, 35 = 5 x 6 + 5, rodeando el 5, o 63 = 12 x 5 + 3, y rodeen el 3, como una manera de sacarle todo el provecho matemático a la dinámica.

Observa que no solo garantizamos que hagan bastantes divisiones cada vez que jueguen, sino que además les estamos pidiendo que pongan en marcha mecanismos combinatorios, que repasen las reglas de divisibilidad, las propiedades de la división; puede que incluso realicen descubrimientos, como que el resto siempre es menor que el divisor. También se puede jugar a este juego sin hacer ninguna división, ¿adivinas cómo?

1⋮ ¿Cómo se puede jugar al resto sin hacer divisiones?

2⋮ Resuelve las divisiones inglesas que han aparecido en el capítulo: 592 entre 4 y 3185 entre 6.

3⋮ Tengo 35 Sugus que voy a poner en bolsas con 3 Sugus en cada una. ¿Cuántas bolsas necesito?

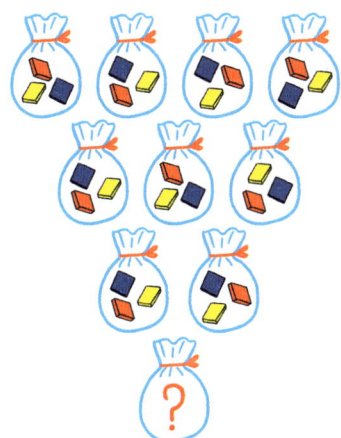

4⋮ Las fracciones tienen interpretaciones que van más allá de la división indicada, y una es la de operador. Puedes imaginarlo como una instrucción: «Divide en las partes que indica el denominador, quédate con las que dice el numerador»; por ejemplo, «un medio (de algo)» es un operador que aplicado a una sandía te indica que te quedes con media fruta y aplicado a 30 euros te indica que te quedes con 15. Toma un par de folios y «opéralos», calculando (¡y partiendo!) uno con el operador ½ , el otro con el operador ⅓. Calcula (con las manos) la mitad de ⅓ y comprueba cuántas veces cabe esa «fracción» de folio en un folio sin partir.

5❖ Una de estas tres tiras suma menos que uno, otra suma uno y la otra un poco más. ¿Cuál es cada una?

6❖ Para las obras de revestimiento de los túneles ferroviarios se utilizan dovelas de acero y hormigón, formando anillos prefabricados de 45 centímetros de grosor y metro y medio de largo (en la dirección del túnel) y un peso de unas 50 toneladas. Cada anillo utiliza 7 de estas dovelas. ¿Cuánto pesa el revestimiento interior de un túnel de 7,58 kilómetros?

7❖ Retomemos el problema del pasillo y mis zapatos, pero con una perspectiva distinta: te voy a pedir que utilices calculadora, no porque sea muy difícil, sino porque vamos a ver cómo puedo obtener el resto de la división utilizando calculadora.

El pasillo de mi casa mide 4 metros. ¿Cuántas marcas haré al medir el pasillo utilizando mi zapato de 35 centímetros? ¿Cuánto sobrará?

8❖ Obtén una fracción que valga lo mismo que el número 6,123232323...

BASE POR ALTURA DIVIDIDO POR DOS

M ira el siguiente rectángulo:

¿Qué dirías?, ¿es más ancho que alto?, ¿o más alto que ancho? Me vas a permitir que no me pronuncie, porque yo fui el que encargó que fuera «perfectamente cuadrado», por lo que salvo que hayan metido la pata diseño o imprenta, debería tener los cuatro lados iguales.

En todo caso, como cualquier cuestión geométrica que vayamos a tratar en este capítulo vale la máxima de Henri Poincaré: «La geometría es el arte de razonar bien sobre figuras mal hechas». Poincaré, que parecía predestinado para la geometría (él mismo jugaba con la fonética de su nombre y firmaba «.□», *point-carré*, «punto-cuadrado» en francés), fue sin embargo el último matemático que contribuyó de manera relevante a todas las ramas de las matemáticas que se conocían en su época. Después de él nadie ha entendido de todo en matemáticas, pues estas eran demasiado.

Lo de las figuras mal hechas no es una excusa por si se han equivocado en diseño o imprenta. Ningún cuadrado será perfectamente cuadrado. Nunca. Imagina que el papel se ondula o se arruga un poco, ya no será una figura plana. Tampoco podría serlo por culpa de la tinta; aunque sea poca, tiene su espesor. Sin ponernos demasiado platónicos: el único cuadrado perfecto estará en nuestra imaginación.

El «rectángulo» de antes no tiene la forma que todo el mundo recuerda de un rectángulo. Imagina un rectángulo. ¿Lo ves? ¿Verdad que no tiene los cuatro lados iguales? Pues eso. Entonces, ¿qué es un rectángulo? ¿Qué hace a un rectángulo ser un rectángulo? Preguntarnos «qué es» hemos visto ya que es equivalente en matemáticas a buscar su definición. ¿Cómo definimos un rectángulo? Euclides lo dejó escrito en sus *Elementos* (300 a. C.): «De los cuadriláteros, cuadrado es el que tiene los lados iguales y los ángulos rectos; rectángulo el que es rectangular pero no equilátero; rombo el que es equilátero, pero no tiene los ángulos rectos…». Así que, para Euclides, lo de antes no es un rectángulo, ni siquiera un caso particular de rectángulo, ¿y quién soy yo para contradecir al padre de la geometría? Busquemos una escapatoria: a ver qué dice la RAE, como ya hicimos con la multiplicación y el orden de sus factores, a ver si hay suerte esta vez. Aunque sea un grupo de señores mayores, casi todos hombres y de letras, puede ser un punto de partida para buscar cuál es la opinión mayoritaria de la gente, sin necesidad de hacer una encuesta. Partir de lo que creemos que es un rectángulo puede ser una buena idea. Veamos:

rectángulo, la *(Del lat. rectangŭlus)*
2. m. *Geom.* Paralelogramo que tiene los cuatro ángulos rectos y los lados contiguos desiguales.

Euclides, la RAE y la mayor parte de las personas a las que preguntes te dirán que las siguientes dos figuras son diferentes, y que, por ello, deberán tener nombres diferentes. Haz la prueba: pide a un humano de cuatro años o más que tengas cerca y que no sea matemático que te diga cuántos rectángulos hay a continuación.

Uno, ¿verdad? Ya estamos. Yo pienso que son dos, uno con lados contiguos diferentes y otro con todos sus lados iguales. A muchos matemáticos no nos gusta la definición de Euclides, preferimos imaginar una más inclusiva. De hecho, hemos enmendado varias veces su «libro de texto», modificando su definición para adecuarla a la nuestra, en los más de dos mil años que ha estado utilizándose. Queremos que un rectángulo sea un cuadrilátero con cuatro ángulos rectos. Una consecuencia de esto será que como cuatro lados iguales es nuestra definición de rombo, el cuadrado sería el caso particular de un rectángulo que es, a la vez, rombo. Un cuadrado es un rectángulo que es también rombo; por eso lo colocamos en la región común (intersección) de la representación con diagramas de Venn:

El conjunto de la izquierda es el de los rectángulos,
el de la derecha encierra los rombos.

Lo bueno de utilizar definiciones inclusivas, desde el punto de vista de las matemáticas, es la economía que representan. Veamos un

Cerrando el tema de nuestros cuadrados y rectángulos hay un término en castellano que nos puede ayudar: cuando queramos hablar de un rectángulo que sea «propiamente rectángulo» podríamos llamarlo «rectángulo oblongo», ya que oblongo —aunque suene a nombre africano— viene del latín *oblongus* y significa «más largo que ancho». Para el caso en que el rectángulo sea más ancho que largo propongo darle un giro. No va a dejar de ser rectángulo porque le demos un cuarto de vuelta, ¿no?

Un semigrupo es un par formado por un conjunto y una operación, de tal forma que todos los elementos del conjunto pueden ser operados y su resultado es un elemento del conjunto. Los números naturales con la suma son un semigrupo, pero con la resta no, porque $3 - 9$ no es un número natural. También hace falta que se dé la propiedad asociativa; esto, escrito en términos de suma, es que dados tres elementos a, b y c, $(a + b) + c = a + (b + c)$. Digo escrito en términos de suma porque la operación que estemos considerando es lo de menos; para algo esto es álgebra. Perdona la ironía, pero no sé qué pudo ir mal cuando todo esto se intentaba enseñar en primaria.

ejemplo. Si demostramos que los paralelogramos —cuadriláteros con lados paralelos dos a dos— cumplen una determinada propiedad —las diagonales se cortan en su punto medio— ya tenemos probada la propiedad para todos los casos particulares: rectángulos, rombos y, por supuesto, cuadrados, no hay por qué ir caso por caso demostrando que lo cumplen. Lo malo es que, en casos como este, vamos totalmente en contra de la opinión mayoritaria.

Hay dos maneras de afrontar la disparidad entre las definiciones que vemos. Los que más ruido hacen son los apocalípticos: «Los maestros, la RAE, Euclides (sustituir por lo que convenga) no tienen ni puñetera idea, enseñan definiciones pasadas de moda que confunden» (muy habitual entre profesores de secundaria). Luego estamos los más integrados: aprovechemos las diferentes concepciones para hacer matemáticas, para cuestionar a la gente sobre lo que es y no es una figura geométrica y qué tiene que cumplir. Utilicemos la disparidad de opiniones para hacer ver la necesidad y la dificultad de demostrar y la conveniencia de tener definiciones buenas, y construyamos entre todos la que sea mejor. * No olvidemos, en ningún caso, que no es posible enseñar matemáticas partiendo únicamente de una definición rigurosa. Ya se intentó y no salió bien. En un seminario de matemáticas en Royaumont (Francia) en noviembre del año 1959 y al grito de «abajo Euclides» se pusieron las bases de la «matemática moderna», que consistía en definiciones claras, demostraciones rigurosas y estructuras algebraicas abstractas, partiendo de la lógica y la teoría de conjuntos. Es cierto que Jean Dieudonné —el que pronunció el contundente eslogan— aclaraba en su ponencia a continuación que hasta los catorce años se podía seguir aprendiendo de una forma experimental, pero el mal estaba hecho. La referencia de la enseñanza de la geometría durante los veinte siglos anteriores estaba tocada de muerte. Diversos «éxitos» de la matemática moderna —entre los que se incluye la puesta en órbita del Sputnik— le dieron su momento de éxito planetario e hicieron que se anticipase su estudio a la escuela primaria (cuanto antes, ¿mejor?). Muestra de esa extensión son los programas y libros de texto de finales de los años setenta, la estructura de grupo y de semigrupo ** para niños de diez u once años, las relaciones de equivalencia y conjuntos cociente, las aplicaciones, los cambios de base…, permíteme que no siga. Aunque aún hay muchos en mi gremio que la añoran y yo mismo echo de menos que no estén en el currículo los diagramas de Venn, que tan bien nos ayudan a clasificar y organizar información. El estudio formal de los objetos y sus relaciones demostró que era demasiado abstracto; los alumnos no alcanzaban destrezas básicas ni en cálculo, ni en resolución de problemas, ni en geometría. La matemática moderna —que defendían Dieudonné y el grupo de matemáticos que firmaban con el seudónimo de Nicolas Bourbaki— corrió la misma suerte que su némesis, los libros de Euclides, que tampoco se rehabilitaron tras la defenestración de aquella.

Se piensa que la geometría, literalmente «medida de la tierra», pudo surgir hace más de cinco mil años de la necesidad de reparcelar las tierras fértiles tras las regulares crecidas del Nilo. Hoy languidece en el currículo escolar como un compendio de tareas de clasificación como las de los rectángulos que acabamos de ver en primeras etapas. Excusas para aplicar procedimientos de construcción y medida después; y fórmulas que completar y memorizar, sobre las que aplicar operaciones aritméticas y analíticas en secundaria. En realidad, da la sensación de ser así en una fuente original, uno de los primeros libros de texto que nos han llegado, concretamente el problema 51 del papiro Rhind (de unos cuatro mil años de antigüedad), que dice:

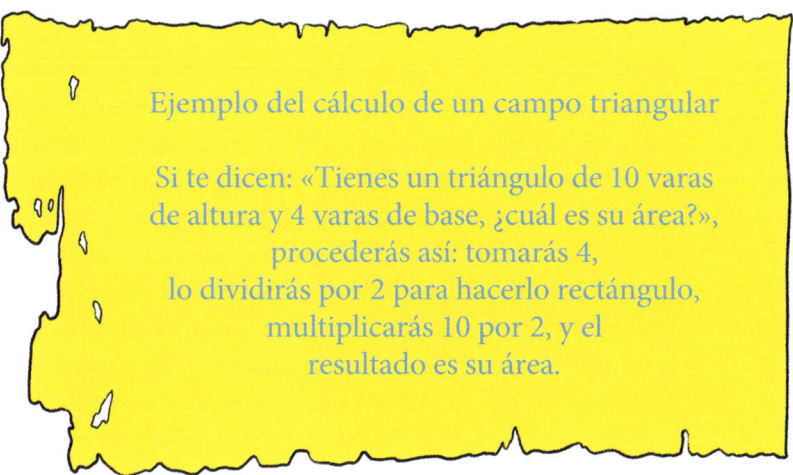

Ejemplo del cálculo de un campo triangular

Si te dicen: «Tienes un triángulo de 10 varas de altura y 4 varas de base, ¿cuál es su área?», procederás así: tomarás 4, lo dividirás por 2 para hacerlo rectángulo, multiplicarás 10 por 2, y el resultado es su área.

Parece un caso claro de aplicación de la fórmula que da título a este capítulo, pero puede que sea más que eso. Para verlo, en lugar de a un papel nos hemos ido a un geoplano, un cacharro consistente en una tabla de madera en la que hay clavos formando una trama cuadriculada. Para utilizarlo, se colocan gomas elásticas para formar figuras. Cuando se tiene suficiente práctica manipulativa se puede utilizar una versión virtual o una de papel. Muy interesante, como veremos después.

Imagina que colocamos una goma elástica aldededor de cinco clavitos que están alineados. Deja, por tanto, cuatro espacios entre los clavos —mide 4—, lo que va a ser la base de nuestro triángulo. Una vez que la goma está colocada en la base, estiro de su lado superior perpendicularmente hasta que encuentro un clavo que esté a diez espacios de la base y en el centro. Tengo así el triángulo de la primera de las imágenes:

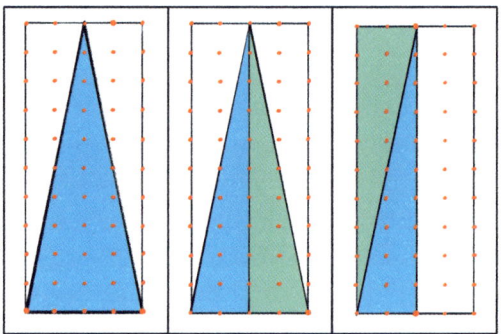

Decir «para hacerlo un rectángulo» parece recordarnos que un triángulo, por lo menos uno que tenga todos sus ángulos agudos (menores que un ángulo recto), tiene de área la mitad del rectángulo que lo contiene. O sea, que esto de base por altura partido por dos podría no ser solamente una fórmula, sino que podríamos llevarlo más allá, como un procedimiento que transforma triángulos en rectángulos. Por cierto, que esa superficie se medirá en unidades cuadradas, cada uno de los cuadrados formados por cuatro puntitos del geoplano, y para contarlos, nada como ver que en cada fila hay 4 cuadrados y hay exactamente 10 filas, 4 de base por 10 de altura, 40, dividido por 2 si queremos calcular el área del triángulo. Y de ahí nuestra fórmula.

¿Y si el triángulo no es tan perfecto?

En el caso anterior hemos tomado un triángulo isósceles. Según la longitud de los lados los triángulos pueden ser equiláteros (tres lados iguales), isósceles (dos lados iguales) o escalenos. Y, claro, «dos lados iguales» deja un espacio para preguntarse cómo es el tercer lado; si no decimos nada podría ser también igual a los otros dos y por tanto el triángulo equilátero sería un caso particular de isósceles, y volveríamos a las consideraciones que hemos realizado sobre cuadrado y rectángulo. Permíteme que no lo haga, no quiero entrar en bucle. Otra consideración que debemos hacer sobre la figura que hemos elegido es que hemos tomado la altura sobre la base menor. Altura es cualquiera de las líneas que caen perpendicularmente desde un vértice al lado que estemos considerando como base. Si no nos dicen nada, un triángulo tiene tres posibles bases y tres alturas, una para cada base; lo único que se suele convenir es que la base esté abajo, pero eso es algo que ocurre cuando no podemos girar la figura. En un geoplano no hay ningún lado abajo; si lo estamos manejando entre dos, cada uno veremos la figura desde nuestra perspectiva, y —en todo caso— cambiaremos de base con solo dar un giro. Podemos comprobar que la relación se mantiene en el caso más general en el que —aun teniendo las mismas dimensiones: base 4, altura 10— no es isósceles:

Lo reconozco, para reducir este triángulo a «medio rectángulo» he hecho un truco, pero es un truco muy interesante: le he pegado un gemelo, invertido. Observa que sus bases son paralelas y sus lados exteriores también lo son, así que forma un paralelogramo (ya sabes, lados paralelos dos a dos). Cada uno de los triángulos es medio paralelogramo. ¿Y cuánto mide el área del paralelogramo? Podemos ver «recortando y pegando», como hemos hecho en el tercer paso, que es exactamente la del rectángulo que contenía el triángulo del principio. Base por altura. Y como nuestro triángulo era la mitad del paralelogramo, base por altura dividido por dos.

Y si el procedimiento que hemos seguido no termina de convencerte, podemos aplicar otro. Mira el que vamos a utilizar para calcular la medida de la superficie en verde:

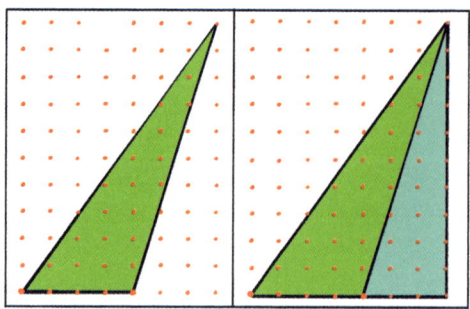

Añadimos un triángulo para completar el original transformándolo en uno mayor y más regular, concretamente en un triángulo rectángulo, uno que tiene un ángulo recto. Además de estos tenemos triángulos acutángulos (que tienen sus tres ángulos agudos, de menos de 90 grados) y obtusángulos (que tienen un ángulo obtuso, de más de 90 grados). Observamos que este triángulo divide al rectángulo en dos mitades; por tanto, su área es la mitad de los 70 cuadraditos que componen ese cuadrilátero. Si hacemos lo mismo para el triángulo añadido (el azul) veremos que tiene por área la mitad del rectángulo de base 3 y altura 10, o sea, que mide 15 unidades cuadradas. Así, restando 15 al 35 de antes, obtendremos que el área que buscábamos es de 20 unidades, algo que coincide con la fórmula que conocemos: base 4, altura 10: 40 partido por dos. Por cierto, para calcular la altura correspondiente a la base menor del triángulo verde de este ejemplo necesitamos prolongar su base, y mejoramos así nuestra definición de altura de un triángulo: «El segmento perpendicular a un lado que va desde el vértice opuesto a este lado o su prolongación». Decimos aquí que altura es un segmento, pero a menudo confundimos el segmento con la medida del mismo, en el caso de dos dimensiones hay dos términos distintos para una y otra cosa: área es la medida de la superficie que estemos considerando. Aunque en primaria suelen ser términos sinónimos. Vuelvo a insistir en que no me parece que esto sea un problema, sino un punto de partida sobre el que construir matemáticas. Es mucho más productivo construir sobre una duda que sobre una certeza.

La fórmula no puede ser el punto de partida, como tampoco puede ser el papel, pero sí pueden ser perfectamente el punto de llegada. La cita anterior resulta de parafrasear a mi maestra, Maria Antònia Canals; ella se refería a una buena actividad geométrica para niños. Esa actividad geométrica puede estar escrita en un libro (claro, como este, no pretendo resultar paradójico), pero estaría muy bien que se desarrollara en el espacio que nos rodea, en los planos que observamos, hasta que la propiedad que queramos obtener se deduzca, se abstraiga y podamos plasmarla en el papel.

No podemos esperar que alguien que se está iniciando en la geometría (o que tiene unos conocimientos muy elementales) responda exactamente como queremos a la vista de un estímulo visual estático —un dibujo o un esquema impreso—. En realidad estamos acostumbrados a razonar a partir de figuras estáticas; hemos visto demasiadas figuras geométricas impresas y hemos manipulado muy pocas. Por poner un ejemplo sencillo, observa la siguiente figura:

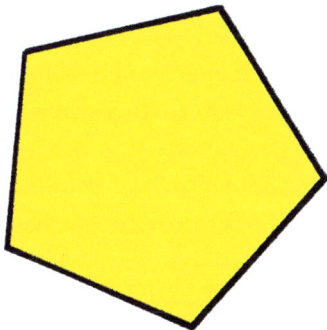

¿Percibes que está girada? Si tu respuesta es sí, es que has visto demasiados polígonos impresos en libros o fijos en una pantalla. Si es que no, bien por ti, pero te sugiero hacer la prueba de mostrárselo a otros. En realidad, no lo está; para diseñarlo me he limitado a pedirle a GeoGebra que me dibujase un pentágono regular y tal cual lo he colocado. GeoGebra es un *software* libre y muy potente de geometría dinámica,* no hay ni que instalarlo para funcionar con él, pero precisa de una cierta madurez. La geometría dinámica que hay que hacer con pequeños es con el cuerpo y las manos, y tijeras y papel y geoplanos. Te pongo otro ejemplo, sacado también de los escritos de Maria Antònia. Es una actividad para hacer con niños entre tres y ocho años. Con plastilina, arcilla o pasta de modelar pide que hagan un ladrillo, un bloque, que tenga caras. Cuando hayan terminado de moldear dales pintura de un color diferente al de la pasta y pide que pinten toda su superficie. Todas sus caras. ¿Está pintado entero? ¿Sí? Muy bien, toma un cuchillo y haz un corte de arriba abajo. Yo lo he hecho varias veces con niños y es genial ver su sorpresa y sus explicaciones: «Claro, no lo he pintado por dentro». Los cuerpos tridimensionales, sólidos o huecos, pueden tener un dentro y un fuera y es muy difícil aprender eso mirando el papel o una imagen estática en una pantalla.

*

Una vez colocado un punto o una línea o figura que pase por él, puedes modificarlo, lo que produce que toda la estructura que de él dependa se modifique.

Es importante tener experiencias de las distintas dimensiones que hay. Piénsalo, ¿cómo podríamos experimentar una dimensión? Podríamos utilizar el siguiente modelo tridimensional: dibujamos en el suelo un camino (recto, curvo, poligonal, abierto o cerrado, podemos ir alternando) con tiza o con cinta aislante. Colocamos sobre él distintos objetos: un lápiz, un cuaderno, un borrador, una bola de papel… y lo recorremos caminando o mentalmente, según la capacidad de abstracción. ¿Qué encontramos primero?, ¿qué va después? Fíjate que solo hay antes y después, como en el tiempo, que solo tiene una dimensión; cuando caminamos por una dimensión no hay posibilidad de caernos, solo podemos avanzar o retroceder. Bueno, en el caso del tiempo nosotros solo podemos avanzar. Aunque con la imaginación podamos considerar sucesos anteriores y posteriores a uno dado.

Hay un problema de secundaria que precisa que hayamos experimentado alguna vez las dos dimensiones para poder entenderlo. Conecta, además, a la perfección con la necesidad de tener una buena definición de rectángulo, dice: «De todos los rectángulos de perímetro 40 centímetros, encuentra el que tiene mayor área».

Se trata de un problema de optimización y las herramientas para poder resolverlo formalmente no se tienen hasta bachillerato, aunque se puede entender muy bien con la condición de tener claras las diferencias entre perímetro y área. Como he planteado muchas veces este problema en un aula de secundaria y he visto la cara que ponen cuando pronuncio «perímetro» te aclararé, como les digo a ellos, que el perímetro es la suma de las longitudes de los lados del rectángulo. Al pronunciar la palabra, solía recorrer los cuatro lados de un rectángulo imaginario en el aire, con la suerte de que *perímetro* tiene cuatro sílabas. Al decir «área» golpeaba con mis nudillos la mesa, o la pizarra, sobre el interior de un rectángulo oblongo dibujado. Y observaba las mismas caras de incomprensión. ¿Qué pide el problema? ¿Un rectángulo grande? No, el de mayor área dentro de un perímetro fijado. ¿Cómo podríamos facilitar la comprensión del problema? Utilizando un cordel atado, que tiene, por tanto, longitud fijada, digamos 40 centímetros. Colocando el cordel sobre un cuaderno de cuadros entre el índice y el pulgar de las dos manos y experimentando con distintos rectángulos isoperimétricos. Está claro que si estiramos del todo el cordel en sentido horizontal obtendremos algo que no es ni tan siquiera un rectángulo, ya que ha colapsado en dos líneas (de 20 centímetros de longitud, si nos mantenemos fieles a la letra del problema). Lo mismo ocurre si alargamos el rectángulo en sentido vertical. Otro rectángulo degenerado (así les llamamos en matemáticas). ¿Cuál será entonces el rectángulo óptimo? Creo que ya lo sabes: el que tiene cuatro lados iguales; sí, el cuadrado. Menudo problema si los cuadrados no son rectángulos. Es fundamental que, antes de llegar a este problema, hayamos experimentado con superficies; ya sean delimitadas con tiza o con una alfombra. Sobre una superficie podemos sentarnos, podemos hacer la croqueta, podríamos incluso edificar, aunque entraríamos en la tercera dimensión.

Para tener experiencias tridimensionales en la infancia nada como jugar con cajas: dentro o fuera, cabe o no cabe, encima o debajo…; nada de eso puede pasar en una o dos dimensiones. ¿Podíamos experimentar cuatro dimensiones? Sí, absolutamente, de hecho, lo hacemos de manera cotidiana cuando describimos secuencias en el espacio tridimensional o lo fotografiamos en un instante y luego observamos cómo se modifica. Imagina las capturas sucesivas de un globo que explota y que se ha grabado a cámara rápida: en cada una de ellas podemos ver las tres dimensiones, y en la sucesión de las imágenes vemos también el tiempo.

Pero tirar del tiempo para completar una cuarta dimensión es un poco tramposo. ¿Podríamos experimentar cuatro dimensiones espaciales? La respuesta es que no: somos seres tridimensionales y no entenderíamos a un ser de cuatro dimensiones, salvo que le hiciéramos distintas «fotos tridimensionales», signifique eso lo que signifique; pero por tener una analogía, es como cuando un escáner realiza secciones de un órgano y va obteniendo cortes bidimensionales de un objeto que es tridimensional.

Hay otra posibilidad, destinada a los que ya tenemos una cierta madurez, y es la de utilizar la imaginación. Cuando dibujamos un cubo tridimensional en papel podemos incluso mostrar distintas perspectivas. Recuerdo que me divertía mucho girar en el papel un cubo —es lo más avanzado a lo que llegué con lápiz y papel en el campo de la ilustración tridimensional, por eso las ilustraciones de este libro las ha hecho Cristina y no yo—. Al girar nuestro cubo estaremos haciendo un ejercicio de abstracción, de imaginación.

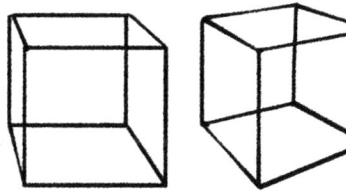 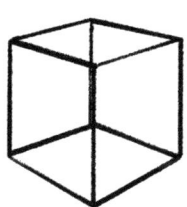 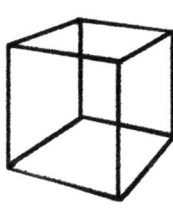 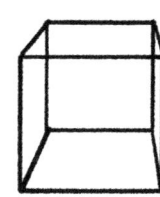

Podemos representar en dos dimensiones objetos de tres —aprovechando convenios como la perspectiva— entendiendo que hay 6 caras que son cuadrados, 12 aristas que miden lo mismo y que los ángulos entre las caras contiguas (ángulos diedros se llaman) son de 90 grados. Antes de ir más allá, tengo que contarte cómo lo hemos resuelto en matemáticas; la solución no es visualmente muy potente, pero sí muy práctica; consiste en tomar coordenadas, como en el juego de los barcos:

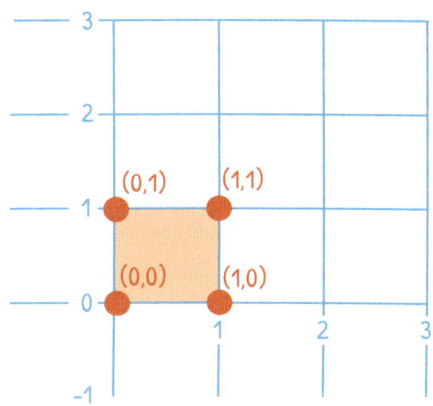

Un cuadrado unitario es el que forman las casillas:
• (0,0), origen de coordenadas
• (1,0), uno a la derecha en horizontal, ninguna en vertical
• (0,1) ídem, pero en vertical
• (1,1) el primer punto de coordenadas naturales en la diagonal

Hay que tener en cuenta también los lados del cuadrado, y no vale trazar todas las líneas, solo las 4 que unen puntos contiguos, las otras dos reciben el nombre de diagonales. El cuadrado será la superficie que limitan estos cuatro lados.

No hay ningún problema en llevar esto un poco más allá, pues no tendremos más que poner más coordenadas. Imaginamos el plano descrito como el plano del suelo, los puntos sobre él tienen altura —que va a ser su tercera coordenada— cero. Así los vértices de un cubo tridimensional se pueden encontrar en los puntos: (0,0,0), (1,0,0), (0,1,0), (1,1,0) y (0,0,1), (1,0,1), (0,1,1) y (1,1,1); los cuatro primeros puntos están en el plano horizontal y los cuatro siguientes justo una unidad por encima (por eso tienen un 1 en su tercera coordenada, en lugar de un 0, que tenían sus parientes del suelo). Otra vez aquí no nos podemos poner a trazar aristas (que es como se llaman las líneas que unen vértices contiguos del cubo); aquí tendremos doce. Las caras —que como sabe cualquiera que haya jugado con un dado son 6— son los cuadrados que limitan el cubo que hemos definido.

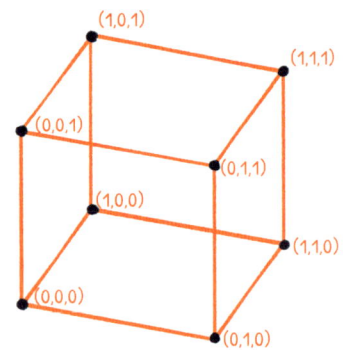

En matemáticas para ir más allá en cuanto que dimensiones, solo tendríamos que tomar una cuarta coordenada. Los ocho puntos hasta ahora descritos —con una cuarta coordenada nula— serían la mitad de los vértices del cubo tetradimensional (teseracto, para los amigos), los otros ocho tendrían un 1 en esa cuarta coordenada:

* $(0,0,0,0)$, $(0,1,0,0)$, $(1,1,0,0)$, $(1,0,0,0)$ (estos cuatro vienen de los que estaban en el suelo, que tenían su tercera coordenada nula).
* $(0,0,1,0)$, $(0,1,1,0)$, $(1,1,1,0)$, $(1,0,1,0)$ (estos cuatro son los que se corresponden con los anteriores.

Pero ahora no tengo referencias espaciales para describirte los ocho que me faltan. ¿Dónde los coloco? ¿A la izquierda o a la derecha?, ¿delante o detrás?, ¿arriba o abajo? Imposible, ya he utilizado estas dimensiones; para poder dibujarlo tendré que utilizar la imaginación y ponerlo «dentro», pero con el convenio de que el cubo que dibujo dentro es tan grande como el de fuera, y que las aristas y caras que estoy definiendo siguen cortándose en ángulo recto:

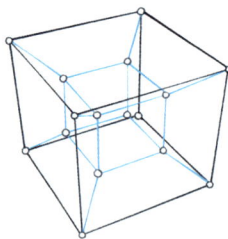

El Gran Arco de la Défense, en París, se aproxima bastante a un teseracto; eso sí, tienes que poner tú la perspectiva, y pensar que cada una de las 24 caras que tendría la figura que resulta de quitarle un cubo menor a otro cubo mayor son iguales, como también lo son —aunque no lo parezca— cada una de las 32 aristas.

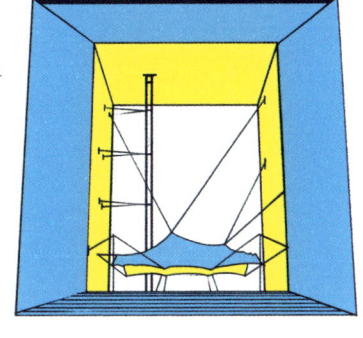

Como puedes observar, a los matemáticos no nos molesta demasiado imaginar objetos de más dimensiones que las tres usuales; en el fondo es todo cuestión de ceros y unos bien puestos. El problema es cuando esto deja de tener significado y se convierte en un juego de los barcos sin gracia, algo que hay que evitar a toda costa.

Debo ahora defender al papel como punto de llegada. Y creo que puedo. Observa la siguiente imagen, que pretende resolver el problema siguiente: «¿Cuántos cuadrados de diferente tamaño puedo colocar en un geoplano 5×5?».

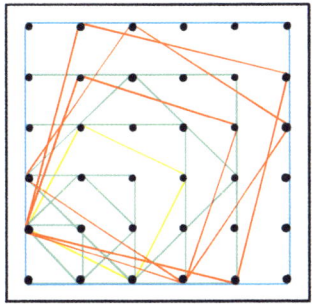

Cuando planteo este problema, en talleres para niños o formaciones para adultos, veo como se lanzan a colocar gomas en el geoplano que delimitan distintas superficies cuadradas. No tardan en encontrar las soluciones más sencillas: los cinco cuadrados de lados paralelos a los del geoplano.

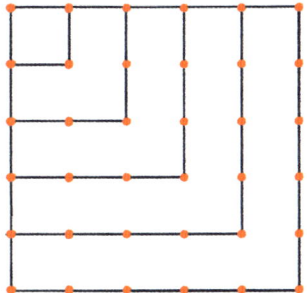

En los talleres hay siempre la duda de cuántos cuadrados de cada tamaño estoy pidiendo que hagan. Es muy interesante, porque se establece un pequeño debate sobre qué es lo que pedí: encontrar todos los cuadrados de diferente tamaño. Dos cuadrados por estar en distinta posición podrían (o no) ser distintos; es algo debatible. Me interesa que dos cuadrados del mismo tamaño no sean considerados distintos. Ese es el momento de establecer un sistema para nombrar los cinco cuadrados como «el cuadrado de una unidad (cuadrada)», el cuadrado del 2, que mide en realidad cuatro unidades cuadradas, el cuadrado del 3, etc. En ese momento, si nadie se ha dado cuenta, anuncio que aún no tienen «ni la mitad de soluciones» y si después de unos minutos nadie se anima, propongo este otro cuadrado:

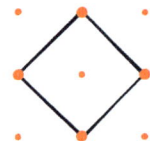

Suele ocurrir que alguien me diga que ya tenemos ese cuadrado, porque une puntos contiguos (y por tanto a distancia 1, argumenta) y forma el cuadrado de una unidad. Es una confusión maravillosa que nunca agradezco lo suficiente, porque es muy productiva. Es el momento de comparar:

El cuadrado «girado» está formado de cuatro triángulos de media unidad cuadrada de área y tiene, por tanto, 4 veces ½; por fuerza es el cuadrado de 2 u^2, dos unidades cuadradas, uno que no teníamos todavía.

Es el momento de entregar papel pautado con puntos y pedir que transfieran al papel todas las soluciones que vayan construyendo, y que las identifiquen con la medida de su área, para ver si es una nueva o está repetida. Como podemos apreciar en el proceso de paso a papel, además de reflexión sobre lo que estamos haciendo, producimos nuevos problemas a los que hay que enfrentarse, como el que acabamos de ver. Pasar a papel no es solo comprobar o revisar, es más bien registrar, y resolver problemas, con un cierto rigor. Si nos limitamos al problema manipulativo es posible que lo pasemos bien y que mejore nuestra experiencia matemática —que no es poco—, pero también es posible que no aprendamos nada. En el papel aunque no sea tan vistoso como con las gomas elásticas, nuestras once soluciones quedan así de bien:

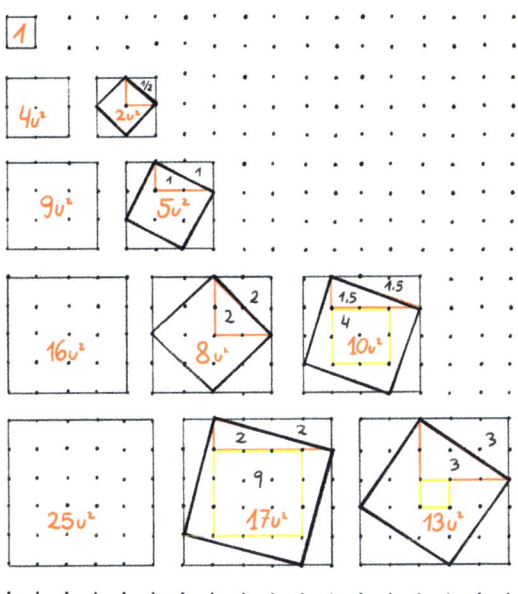

La aspiración original de la geometría era conocer «la medida de la tierra» y vaya si lo consiguió, y bien pronto: Eratóstenes obtuvo en el siglo III a. C. una estimación bastante acertada del radio de la Tierra y de su circunferencia. También supo calcular cuántos números primos hay, como veremos en el capítulo 8. Por lo que en todo caso debemos entender que en su época ya se conocía que nuestro planeta era esférico (bueno, en realidad ni lo era entonces, ni lo es ahora, ya sabes eso de «achatada por los polos», así que dejémoslo en más o menos esférica). Su procedimiento utiliza los rayos del Sol; como este se encuentra tan alejado, podemos imaginar que sus rayos llegan a la Tierra de forma paralela. Si colocamos dos palos idénticos de forma vertical en dos lugares distintos del mismo meridiano a la misma hora y la Tierra fuera plana, entonces sus sombras serían idénticas, pero Eratóstenes observó que las sombras eran diferentes. De hecho, en Siena (hoy Asuán, Egipto), los rayos del Sol caían verticalmente el día del solsticio de verano. Ese mismo día, en la ciudad de Alejandría, comprobó que los rayos del Sol formaban un ángulo de unos 7 grados, una cincuentaidosava parte de la circunferencia total. Eratóstenes fue

capaz de utilizar esa discrepancia para calcular la circunferencia de la Tierra, suponiendo a esta esférica. Como la distancia entre esas dos ciudades era de 5000 estadios, una vuelta completa a la misma tendría que tener unos 250 000. Más o menos. Hoy en día hay dudas de cuál fue el valor exacto que obtuvo, pues no está claro si midió en estadios áticos o en egipcios y en función de esa y alguna otra variable no se sabe si cometió un error del 15 % o menor, pero no hay duda de que la geometría era y debería seguir siendo la ciencia que mide la Tierra.

Aunque para la comunidad científico-filosófica de la época de Eratóstenes no hubiera ninguna duda de que la Tierra era esférica, para muchos, hoy, sigue siendo la consecuencia de que alguien intenta engañarnos. La estrella retirada de la NBA Shaquille O'Neal ha declarado en varias ocasiones que la tierra es plana: «Yo conduzco de Florida a California y la veo plana». La demostración de Eratóstenes convenció a una minoría, pero en la Edad Media la mayoría de personas veía la tierra plana, como Shaq. Se cree que muchos se convencieron de la esfericidad de la Tierra al verla desde el espacio por la televisión, pero tampoco estamos seguros de eso, ¿no es así, Iker? No culpo a los que piensan que la Tierra es plana, es que su tierra no es esférica. Mira a tu alrededor. ¿Qué ves que te haga pensar que la Tierra tiene un radio de 6371 kilómetros? El suelo del AVE en el que escribo estas líneas y que me trae de vuelta de Girona —de visitar a Maria Antònia— es bastante plano, aunque lo suficientemente elástico para tomar curvas a 301 km/h. El paisaje que se ve por las ventanillas entre túnel y túnel tiene suficientes montañas como para no ver el horizonte. Y cuando lo veo, no lo aprecio curvo. No soy capaz de percibir la curvatura —a ver si va a tener razón Shaquille…—. Resulta que la Tierra es localmente plana; siempre podemos encontrar un trocito, aunque sea pequeño, en el que nuestra Tierra se comporte como un plano. Si miras al suelo de donde estés, es casi seguro que es plano, y lo curvo que sea no lo será por la curvatura de la Tierra, seguro. Podemos movernos con la imaginación en un mapa o con los pies en la tierra dándonos solo dos coordenadas cartesianas; como cuando me he subido a este tren, tenía el asiento

*

En julio de 2018, el portero de fútbol Iker Casillas decidió publicar una encuesta a sus seguidores de Twitter preguntando si creían que el hombre había llegado a la Luna en 1969. Salió que sí, pero por poco. Suerte que los hechos científicos no están sujetos a encuestas o creencias.

SOL

7° 12'

7° 12'

ALEJANDRÍA

9B, y me he ido a la fila 9, asiento B, dos coordenadas. Así que sí, Shaquille sabe más matemáticas de lo que él mismo cree.

Maria Antònia me ha estado hablando de geometría, y de lo importante que es que los niños extraigan sus propiedades a partir de experiencias, no del dictado del profesor. También me ha recordado que la geometría de primaria no es solo el estudio y clasificación de los cuerpos y las figuras y sus posiciones, sino también el de sus transformaciones y la búsqueda de las propiedades que no se alteran a través de estas transformaciones.

Imagina que con pasta de modelar construyes un campo de fútbol a escala, con sus porterías y sus áreas, sus puntos de lanzamiento de penalti y de saque de centro, un modelo de campo de fútbol. Si antes de que se seque lo estiras y moldeas con cuidado de que no se rompa ni se pliegue sobre sí mismo, ¿qué tendrás? Está claro que recordará en algo a un campo de fútbol, pero ya no mantiene las distancias a escala ni los ángulos, ni las líneas rectas…, pero seguro que los puntos de saque o de lanzamiento de penalti siguen estando dentro de sus áreas, ¿verdad? Habremos perdido el paralelismo de las bandas, pero seguro que no se cruzan…; estamos haciendo topología, la ciencia de la plastilina. Hacemos matemáticas cuando somos capaces de expresar las propiedades que se mantienen después de una deformación topológica. Cuando las matemáticas se diversifican la topología toma entidad propia y se estudia por separado, pero eso no ocurre hasta mucho después, en primaria es una parte de la geometría. O debería serlo, porque si la geometría está arrinconada, no puedes imaginar lo difícil que es encontrar alumnos de primaria trabajando propiedades topológicas.

Hay otros tipos de deformaciones. Imagina este experimento: toma un cuadrado de cartulina y ponlo debajo de una luz potente; explora las sombras que proyecta sobre la mesa en función del ángulo al que le dé la luz. ¿Cuántos cuadriláteros distintos logras obtener? Hablaríamos, en este caso, de deformaciones proyectivas.

Maria Antònia y yo hemos hablado también de la muerte. Hace unos meses estuvo muy enferma y los médicos no daban un duro por que siguiera en esta dimensión. Me dice que contempla un sitio para Dios como un ser de muchas más dimensiones que nosotros —de infinitas, tal vez—. Al tener más dimensiones, no podríamos percibirlo, aunque él sí que podría actuar sobre nosotros, modificando nuestro espacio y tiempo, y haciéndonos saber del presente y del pasado tras la muerte. A ella le reconforta, a mí me alegra saber que la geometría pueda consolarnos en un trance tan radical. En la película *Interstellar*, * unos seres de más dimensiones que nosotros colocan un agujero de gusano que nos permite desplazarnos a una galaxia con planetas potencialmente habitables cuando nuestra Tierra languidece. ¡Qué práctico que sería tener un agujero de gusano que nos desplazara en el espacio a voluntad! Estos seres viven la dimensión tiempo como una dimensión física, pueden avanzar y retroceder en él, como tú puedes subir y bajar una escalera. No te quiero hacer *spoiler*, pero en la película hay un teseracto que conecta un agujero negro con la habitación de una niña a través de una dimensión desconocida hasta el momento, el amor. Puede que sea lo menos científico de la película, lo más fantasioso, el acto de fe más grande que tengamos que hacer para tragarnos el artefacto cinematográfico; pero se ha escrito mucho sobre el amor (y la fe) y su capacidad para unir destinos, mover montañas y acortar distancias. Como ese Orfeo que supera incluso las fronteras de la muerte, para acabar observando la belleza de Eurídice en el cielo y las estrellas. Si tanta gente ha escrito sobre ello y a tantos les ha consolado, no seré yo el aguafiestas que diga que no puede ser así.

*

De Christopher Nolan, estrenada en 2014, una película épica de ciencia ficción. La *ciencia* de la frase anterior debería ir con mayúsculas, pues el amor con el que el film trata la astronomía y la física y las matemáticas necesarias para esta es algo poco frecuente. De hecho, Kip Thorne, físico y padre de la representación que tenemos hoy de los agujeros negros es asesor y productor de la cinta. Y claro, es de ficción. Espero que eso no sea un problema.

1 ⁘ ¿Cuántos cuadrados hay en un tablero de ajedrez? (No so-lo los escaques de tamaño uno, sino también los que puedo hacer con 4 escaques, con 9...).

2 ⁘ Busca un par de cajas no muy grandes con forma de pris-ma de base cuadrada. Deben ser iguales y a ser posible de cartón fino y no muy grandes (en su defecto un brik de leche puede va-ler). Con tijeras y celo transforma una de ellas en una pirámide. Observa los trozos de cartón que has recortado. ¿Qué superficie tiene la pirámide en comparación con el prisma? Rellena la pirámide con arroz y viértelo en el prisma. ¿Cuántas pirámides caben dentro del prisma? (¿Cuál es su re-lación de volumen?).

3 ⁘ Busca plástico traslúcido de colores (como el que utilizan los dosieres de plástico) y recorta 5 trozos de la siguiente manera: 3 con lados paralelos, dos de ellos de la misma anchura y el tercero diferen-te, los otros 2 con lados divergentes y de diferente medi-da. Combínalos dos a dos y trata de obtener y nombrar todos los cuadriláteros que conozcas.

4 ⁘ Nueve puntos en una trama rectangular de 3x3 bastan para construir un geoplano. En este se pueden hacer muchas actividades, por ejemplo, recortando en papel muchos geoplanos de 9 puntos idénticos (puedes conseguir papel punteado buscando en Google «dot paper»), encuentra todos los triángulos diferentes que puedas.

PERCENTIL 10

CAPÍTULO 7

«Su hija está en el percentil 10 de peso y 65 de altura». Es una frase que, con cifras distintas, hemos escuchado todos los padres en algún momento. Yo concretamente la oí por primera vez en octubre de 2008, en la consulta de la pediatra de mi hija Julia, cuando no tenía ni dos semanas. La recuerdo nítidamente. Recuerdo que pensé: «Alta y delgada», y me dije para mis adentros que al volver a casa repasaría los apuntes de estadística. Aunque sabía que estaba relacionado con su posición en unas tablas de tallas y pesos, no tenía claro lo que era. Me avergonzaba preguntárselo a la pediatra. Yo era un profesor de matemáticas, debía ser capaz de explicarlo y desde luego en aquel momento no habría podido hacerlo. Ese es el nivel que tenemos que pedirnos en matemáticas, el de poder explicarlas, sobre todo los que nos dedicamos a ellas; también es el nivel deseable para los que están aprendiendo.

El bloque de estadística y probabilidad es, con diferencia, al que menos tiempo se le dedica en la escuela. Nuestro primer contacto con él es cuando tenemos nueve o diez años, siempre uno o dos temas al final de curso, cuando el calor aprieta y todos estamos cansados. Por alguna razón, tal vez su lejanía con el ortodoxo cálculo o la clásica geometría, los profesores lo consideramos un cuerpo extraño, no lo sentimos como verdaderas matemáticas. El bloque de probabilidad y estadística es el candidato perfecto para quedarse sin ser impartido, o para ser resumido con algún trabajo. Ocurre algo parecido en los estudios medios o superiores. Tanto es así que uno puede terminar el instituto sin haber visto nada de probabilidad. Fue mi caso: concretamente en COU * —hoy 2.º de bachillerato— íbamos tan mal de tiempo de cara a la prueba de acceso a la universidad que nuestro profesor nos dijo que había hablado con los coordinadores de las pruebas y que le habían asegurado que la probabilidad solo iba a valer 0,75 puntos en selectividad, por lo que no verla ese año en clase apenas nos afectaba: «Aún podéis sacar un nueve con veinticinco». Ese año se quedó sin impartir la probabilidad.

En la universidad no mejoró demasiado el trato. En el programa docente de la licenciatura en Matemáticas solo había una asignatura obligatoria de este bloque. Displicentes, mis compañeros y yo estábamos convencidos de que «eso no eran matemáticas». La forma en que se nos mostró el tema (teórica, sin sentido, sin apenas vínculo con el resto de las materias —ni aplicaciones—) favoreció poco que cambiásemos de opinión. Mi desconocimiento del tema propició que mis primeras aproximaciones como profesor fueran en esa línea.

Una vez más tengo que decir que mi opinión es hoy totalmente contraria a la que alguna vez tuve. La recogida de datos, su organización, su contraste y su tratamiento es una actividad interesantísima, muy actual y significativa. Saber hacerlo bien nos abre las puertas a un mundo apasionante. Es, además, un área muy pujante que da empleo a miles de matemáticos. Vivimos en la época en la que más datos se recopilan; sirvan de ejemplo los muchos registros que las *apps* instaladas en nuestros *smartphones* recogen de nuestra actividad diaria en redes y que permiten a los anunciantes dirigir campañas centradas en nuestros deseos. Hace poco, un amigo ingeniero de telecomunicaciones me contó cómo el equipo de informáticos y matemáticos que lidera había desarrollado una herramienta para que el banco para el que trabajaban pudiera ofrecer a sus clientes paquetes de vacaciones de manera personalizada, basándose en el histórico de movimientos de sus cuentas, anticipando la voluntad de viajar de sus ahorradores. Confesaba que su equipo tenía que ser muy cuidadoso, porque jugando con los datos disponibles surgía la posibilidad de conocer cuándo un cliente estaba enfermo o deprimido o, de manera mucho más fácil, estaba teniendo una aventura

COU significaba «Curso de Orientación Universitaria», pero lejos de orientarnos hacia la universidad, se dedicaba a preparar la prueba de acceso a la misma. Como, desde entonces, ha aumentado la realización de pruebas externas, ha aumentado también el tiempo que dedicamos en clase a prepararlas.

extramatrimonial. Todo esto se conseguía en lo que suele llamarse minería de datos o *big data*, un campo en constante crecimiento.

Más allá de los datos, el estudio de los juegos y fenómenos aleatorios y la enseñanza y divulgación de estos ocupan un lugar central en mi vida. Muy lejos de lo que alguna vez creí, hoy sé que no tener nociones básicas de estadística y probabilidad nos hace mucho más vulnerables a las arbitrariedades de la administración o de las empresas y sus intereses comerciales, nos lleva a tomar decisiones erróneas, nos hace ser más manipulables. No saber un poco de probabilidad es peor que no saber realizar ciertas operaciones aritméticas o calcular áreas, porque está mucho más relacionado con la vida y la comprensión del mundo real. Para la administración y las empresas, nuestra vida diaria son datos, números que proporcionan información muy valiosa. * No saber cómo se realiza ese proceso nos coloca en una posición vulnerable, nos obliga a creer en «la providencia» y en la bondad de los que toman las decisiones. Ya sea porque no se dé esa bondad, o porque se produzcan errores o desconocimiento en esos niveles más altos, es buena idea ser un poco cauto.

Un ejemplo sangrante de lo que acabo de decir está en la injusticia de los sorteos por letra. Sortear una letra para establecer un orden de apellidos es muy frecuente; he podido comprobar que se da a la hora de ordenar a los alumnos que quieren matricularse en la facultad, o de desempatar en las solicitudes de plaza en colegios públicos, en el inicio de las defensas en las oposiciones, la asignación a tribunales… Incluso se utilizan los injustos sorteos por letra para desempatar en la obtención de plaza de catedrático en algunas universidades (se dice que hasta para una plaza en un departamento de matemáticas).

El organismo que se encarga de la gestión de las plazas disponibles (puede ser perfectamente una Consejería de Educación) establece que las solicitudes que estén empatadas a puntos se ordenen alfabéticamente y se asignen las plazas libres a los que tengan un primer apellido a partir de las letras resultantes de un sorteo. El procedimiento habitual es el de sortear cuatro letras, las dos primeras para el primer apellido y la tercera y la cuarta para fijar un segundo apellido «en caso de igualdad del primer apellido». Así, por ejemplo, si han salido las letras *d*, *n*, *l*, *u*, el primer apellido a partir de *d* y *n* podría ser un «Domínguez» o un «Durán» y en caso de haber varios sería el que su segundo apellido estuviese más allá

*

En este sentido, aconsejo leer el libro *Armas de destrucción matemática* (Capitán Swing, 2018), de la doctora en Matemáticas y científica de datos Cathy O'Neil, autora también del muy recomendable blog mathbabe.org.

de *l*, *u*. Antonia Dorado Molina podría ser la primera afortunada en esta ocasión, claramente por delante de su hermana Raquel, que para algo va detrás en el orden alfabético.

Es un procedimiento que tiene apariencia de justo —al fin y al cabo, todos tenemos apellidos y en todos hay letras—. Parece justo, pero no lo es.

Te propongo un ejercicio: haz una lista con las personas que trabajan contigo, o con los apellidos de las personas que viven en tu bloque, si es que vives en un bloque de viviendas; podrían valer los apellidos que aparecen en los buzones. Imagina que todos los integrantes de esa lista están empatados en un sorteo. Tienen los mismos puntos para algún regalo que se va a rifar. Sortea una letra, pero no vale pensarla, por muy justo que seas, hay letras que se te ocurren más que otras. Se dio el caso de un notario que sorteaba de cabeza. Se trataba de asignar 21 premios —viajes fin de curso, no todos iguales— entre 8 999 999 participantes. Primero, procedió a repartir los premios entre los distintos millones completos. De un plumazo este señor dejaba sin posibilidades a los participantes que tenían números por encima del primer millón de que les tocasen los viajes a Cuba que eran los dos primeros premios. No conocía este notario que el método de «pensar números» dentro un rango fijo suele conducirnos a imaginar alguno cercano al primero y al último: él dio el primer premio al número 1 y el último premio al nueve millones menos uno. La lista de prácticas sospechosas no acababa aquí: el cuarto premio era el mismo número que el tercero pero escrito al revés, y muchos de los siguientes números agraciados contenían dígitos repetidos de dos en dos y de tres en tres, repeticiones que aparecían más de lo que sería esperable si el sorteo se hubiera realizado de forma verdaderamente aleatoria. Curiosamente la noticia apareció en prensa al respaldar el Colegio de Notarios de Madrid el *anumérico* ⃰ método de su compañero.

Volviendo a nuestro sorteo particular y ya que me corresponde a mi ejercer de notario, he ido a la web random.org, que genera números aleatorios y le he pedido que me diera un número entre el 1 y el 27. Ha salido el 13, por lo que la letra ganadora es la *M*. Eso quiere decir que el primero de tu lista a partir de la *M* gana el desempate, ya sea un apartamento en Torrevieja o una plaza de piscina en el polideportivo municipal… Ha salido la *M* como podría haber salido cualquier otra; por algo son números aleatorios.

Es verdad que los apellidos de los buzones del portal de un edificio no están distribuidos equitativamente entre todas las letras del

⃰

«El azar de los notarios», publicado en *El País* el 16 de mayo de 2004.

abecedario. Es verdad, y es lo normal: los apellidos de España, tampoco. Según el Instituto Nacional de Estadística el 12,20 % de los habitantes censados en España en 2011 tienen un apellido que empieza por *M*, algo más de 5 millones, mientras que no llegan a 15 000 los que su apellido empieza por *X*. Mirando este dato por bloques es muy posible que en la lista que hemos configurado haya pocas personas con apellidos que empiecen por las letras *V, W, X, Y, Z*, puede que no haya ninguna. Así si en el sorteo sale una *W*, la primera persona con un apellido a partir de la *W* puede ser la primera de la lista (¿Álvarez?, ¿Casillas?), por lo que los primeros de la lista casi siempre juegan con más papeletas en los sorteos por letra. En el extremo contrario, si tu apellido está al final de un grupo muy numeroso (una *G*, o una *C* o mi *M* con la *U*) tienes muchísima menos probabilidad de ganar un sorteo por letra.

	FRECUENCIA	% SOBRE EL TOTAL		FRECUENCIA	% SOBRE EL TOTAL
A	2 884 390	6,70 %	N	699 534	1,60 %
B	2 263 664	5,20 %	O	803 973	1,90 %
C	3 969 992	9,20 %	P	3 042 595	7,00 %
D	1 747 696	4,00 %	Q	185 195	0,40 %
E	781 910	1,80 %	R	3 565 620	8,20 %
F	1 877 528	4,30 %	S	3 201 882	7,40 %
G	4 857 351	11,20 %	T	1 425 424	3,30 %
H	992 297	2,30 %	U	171 705	0,40 %
I	424 730	1,00 %	V	1 631 083	3,80 %
J	722 854	1,70 %	W	48 578	0,10 %
K	55 885	0,10 %	X	14 690	0,00 %
L	2 250 441	5,20 %	Y	92 553	0,20 %
M	5 291 515	12,20 %	Z	269 539	0,60 %
			TOTAL	43 272 624	100,00 %

Distribución de los apellidos según letra.
(Fuente: Instituto Nacional de Estadística, 2011).

Una vez «gané» un sorteo por letra, era para una plaza en el polideportivo municipal de mi barrio; como sabía que lo tenía difícil, además de la ansiada plaza de natación pedí también otras disciplinas más exóticas: taichí, gimnasia de mantenimiento y esgrima. Menos mal que no solicité zumba, no sé si habría dado el perfil. El sorteo salió *m* con la *o* y fui el tercero en elegir, solamente tuve delante un Montoro y una Muñoz. Me dieron plaza en todas.

¿Cómo debería hacerse? Cada participante podría tener un número asociado al azar. Posteriormente, con un generador de números aleatorios, se puede sortear un número a partir del cual se resuelvan los empates. Me consta que hay administraciones que lo hacen así, esa suerte que tienen los administrados. Pero ojo, lo justo no es que tengan más probabilidad de obtener plaza, sino que todos los participantes se beneficien de la misma. Me explico. En el colegio al que van mis hijas se ha cambiado la forma de desempatar para elegir actividad extraescolar. Hasta el curso pasado se hacían largas colas para tener el derecho a elegir las plazas libres antes, yo mismo llegué a pasar parte de una noche para que pudieran asistir a patinaje y baloncesto. Para el pasado curso cambiaron el sistema —juro que yo no tuve nada que ver—: nos dieron un número aleatorio y luego sortearon el orden de elección. Fui el antepenúltimo en elegir, entre casi 900 padres. Ya no quedaba danza, ni teatro en inglés. Ni nada. Unas veces se gana y otras se pierde, pero por lo menos es justo.

Otro de los aspectos de nuestro comportamiento en los que nos perjudica no saber probabilidad es en el gasto en juegos de azar. Yo mismo tuve temporadas en las que animado por mis compañeros de trabajo «invertía» unos 10 euros a la semana en sorteos y quinielas. ¡Quinientos euros al año! ¿Has oído alguna vez eso de que «la lotería es el impuesto voluntario que pagan los que no saben matemáticas»? Si me lo has oído a mí, perdóname, me repito mucho. Vamos a centrar esta parte en el sorteo del Gordo de la Lotería de Navidad (el único que sigo jugando, un décimo al año, mi única aportación; ya trataré de disculparme luego). Todos los años me preguntan por las terminaciones más frecuentes del sorteo más famoso de España, el del Gordo. Si lo miramos se observa que ha caído varias veces en 5 y muy pocas en cero. La pregunta es siempre la misma: ¿qué es mejor, comprar un décimo acabado en 5 o uno acabado en cero? Mi respuesta no varía: es exactamente lo mismo; como todas las bolas, entre la 00 000 y la 99 999, se encuentran en el bombo (100 000), que salga una u otra es exactamente igual de probable, esto es, 1 (la bola del Gordo) entre 100 000 (los posibles números a los que puede caer). Las bolas que acaban en 5 no están diciendo a sus compañeras: «Sal tú, que yo ya salí el año pasado». Las bolas no tienen memoria. Es cierto que todos los años le toca a alguien, claro, pero también hay unas 100 000 gotas de agua en un bidón de 5 litros, y yo no apostaría mucho dinero por que me vaya a tocar exactamente la gota que había elegido. Una cabeza tiene menos de 100 000 pelos; imagina que se sortea uno y aciertas. Ese pelo. Por poner otro ejemplo, elige una palabra que pienses que puede estar en este libro; te doy una si quieres: *número*, que sale bastante; ahora abre por una página al azar y señala una palabra cualquiera; es muchísimo más probable que aciertes en eso que en un sorteo de lotería, pues este libro tiene alrededor de 70 000 palabras, y *número* aparece unas 300 veces. Trescientas de cada 70 000 palabras, una de cada 230..., empiezo a pensar que la he puesto demasiadas veces.

La Lotería Nacional se inventó para darle más recursos al Estado. Por tanto, no es nada descabellado imaginarla como un impuesto. Imagina que se vendieran todos los décimos, y que nadie olvidase cobrar su premio o reintegro. Esto no siempre ocurre, pero podemos asociar décimos no vendidos a premios no dados, y premios no cobrados a mayor beneficio del organismo lotero. En el caso de venderse las 160 series de cada uno de los 100 000 billetes compuestos de 10 décimos a 20 euros cada uno, se ingresarían 3200 millones de euros. Si miramos el programa de premios, volverían a los compradores algo menos de 2000 millones de euros. En la teoría devuelven el 70 % de lo que ingresan (2240 millones de euros) en premios. Pero las cantidades por encima de 2500 euros tienen retención. Como la mayor parte de esos mil y pico millones de euros son para el Estado, podemos suponer que se destinarán a una buena causa, salvo alguna cosa que se despiste en el camino.

En todo caso he reconocido antes que compro o comparto todos los años un décimo de Navidad en el lugar en el que trabajo (siempre que sea el que compran los compañeros). Lo hago por la cara de tonto que se me quedaría si les toca a ellos y a mí no. Como quien paga un seguro, no para que pase el siniestro, sino por si pasa. Otra forma, más positiva, de verlo: llámalo ilusión. Veinte euros por un rato de ilusión imaginándote con 400 000 euros de premio (menos el 20 % de IRPF) no es tanto. Aunque la probabilidad de ganarlos es tan pequeña...

El soniquete de fondo de los niños de San Ildefonso en el día del sorteo me lleva a la infancia, me recuerda a la escuela; ese día mis maestros y Antonio —el conserje del colegio donde estudiaba— tenían puesta la radio para ver si la lotería les sacaba de pobres. Suelo participar en la retransmisión del sorteo en la radio o algún otro medio de comunicación. Un año tuve que esforzarme mucho para convencer a una oyente que llamaba desde Ceuta; estaba segura de que las inundaciones y desgracias que habían ocurrido en su ciudad, junto con la condición de estar en África, les hacían albergar una mayor esperanza de ganar el premio. Lo decía en serio. Solo hubo que esperar a que el premio tocara íntegro en Madrid, otra desgracia para Ceuta, razón de más para seguir comprando lotería. ¿Acabará tocando en Ceuta? Puede que ocurra, estaría bien que fuera en el próximo sorteo, una vez yo ya haya dejado estas palabras escritas, pero no nos engañemos, es poco probable. La razón principal es porque dado su pequeño tamaño se venden pocos décimos de pocos números. La mejor manera de que te toque la lotería es comprar muchos números; no en vano la probabilidad de que te toque se calcula dividiendo el número de casos favorables (la cantidad de boletos distintos que lleves) entre cien mil, la cantidad de bolas que hay en el bombo grande. Las administraciones más mediáticas lo son por diversas razones, como que su pueblo se llamara «suerte» en catalán. Pero también hay atajos para alcanzar cierta fama, como vender muchos números distintos. Desde que existen los «décimos electrónicos» se venden participaciones múltiples en 100 o 400 números distintos, por solo 200 euros. Algo que multiplica sus probabilidades. Tratan así de comprar minutos en el telediario. El desconocimiento sobre probabilidad da beneficios: el equipo de fútbol de Ágreda (Soria) consiguió agotar un año todos sus décimos y participaciones para el sorteo de Navidad tras correr el rumor de que una bruja había visto a ese equipo —que juega en primera aragonesa— ganando algo.

No tener nociones de probabilidad y estadística nos lleva a perder dinero o a que nos manipulen personas que sí que las tienen. En noviembre de 2015 ocurrió un hecho «sorprendente». La asamblea de las CUP tenía que decidir si le daba el apoyo a Artur Mas como *president* de Cataluña o por el contrario se lo retiraba y forzaba una repetición de elecciones. Se reunieron más de 3000 asambleístas, que fueron votando diversas opciones. En la primera votación elegían entre cuatro posibles respuestas, se descartaba la menos votada y así en la segunda votaban solo entre tres opciones. En la tercera elección —cuando ya solo había que elegir entre dos opciones— se obró el milagro matemático. Se emitieron 3030 votos no nulos ni blancos: 1515 a favor y 1515 en contra. No tardaron en salir voces de personas hablando de un posible tongo. Uno de ellos, catedrático de Matemática Aplicada de la Universidad de Sevilla, afirmaba en Twitter que la probabilidad de tal empate era de «1 entre 3029», aproximadamente igual a 0.00033014, y se despachaba a gusto diciendo que eso era algo que las matemáticas llaman imposible.

No, las matemáticas no pueden nunca llamar imposible a algo que puede ocurrir, por improbable que le parezca a nadie. Pero, por extraño que pueda parecer, el resultado de empate, lejos de ser imposible, es, de hecho, el más probable. (No vamos a tratar este suceso más que en términos matemáticos; no estaba yo allí para ejercer de notario).

Para comprender mejor el problema vamos a imaginar que un grupo de 10 amigos quiere ir al cine. Si tienen claro qué película van a ver no lo someterán a votación, algo que nos habla ya de que no partimos de una situación de claro favorito. Pero si están dudando entre tres posibles películas tampoco darán por buena una votación en la que la elegida solo tenga 4 votos y las otras dos empaten a 3. A estos 10 amigos les podríamos recomendar eliminar primero la opción que menos simpatías despierte, y que luego voten entre las dos restantes. Es de esperar que los que votaron a la opción minoritaria se vuelvan a repartir entre las más votadas, algo que favorece el empate. Este modelo social nos ayuda a entender que los matemáticos modelicemos el problema utilizando monedas. Las monedas solo tienen cara y cruz y generalmente se obtiene cara con la misma probabilidad que cruz. Se puede objetar que elegir a un candidato o no hacerlo no es algo que se haga a cara o cruz, pero el modelo es adecuado ya que si hay una mayoría abrumadora en alguna dirección no se someterá a votación, sino que se dará esa opción como la ganadora de manera más o menos automática. Si todos queremos ver la última de *La guerra de las galaxias*, no habrá ni que votar ni que arrojar ninguna moneda al aire.

El tuit del profesor de matemáticas cometía varios errores. Uno era pensar que todas las opciones, desde tener todos los votos en contra a tener todos los votos a favor, eran igual de probables; como veremos más adelante no es así, pero el fallo más doloso es

el de llamar imposible a algo que perfectamente podía suceder. Uno de los objetivos que se plantean en los programas de primaria es que los alumnos distingan sucesos imposibles y los separen de los que sí pueden ocurrir. Veamos un ejemplo con un juego que da muy buen resultado en los talleres que hago con niños de unos ocho años. El juego se llama carrera de caballos.

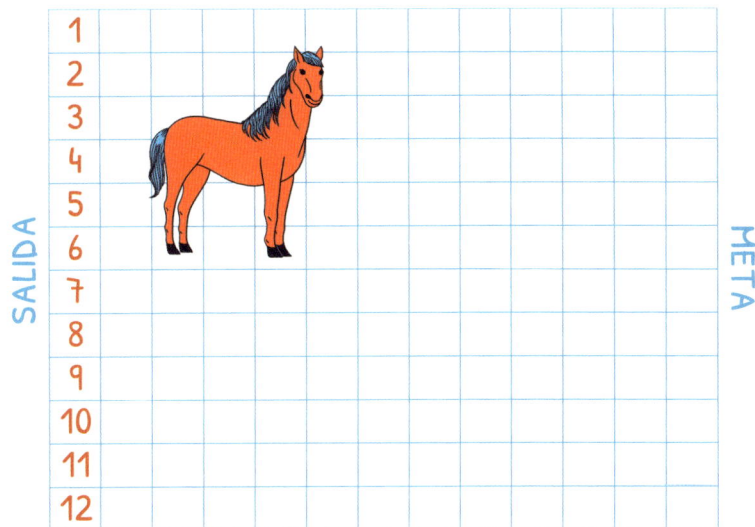

Se juega con un único tablero para toda la clase en el que hay doce calles, numeradas de la 1 a la 12, que se puede dibujar en una cartulina o en la pizarra. Para empezar a jugar, pido que se pongan por parejas y que apuesten por un caballo. Te lo voy a pedir a ti también. Antes de elegir, debes saber que para avanzar un caballo lo que haremos es lanzar dos dados y sumar su resultado. Si en un dado sale el 5 y en el otro el 3, avanza el caballo de la calle 8; después se vuelve a lanzar. A pesar de decirles esto los chicos distribuyen sus apuestas por todo el tablero; seguros de que su número favorito —ya sea el 1, el 5 o el 12— les guiará a la meta, que puede estar perfectamente diez o doce casillas más allá de la salida. Una vez que todos los caballos tienen algún jugador que les avala, podemos empezar.

Distribuyo dados a los alumnos para que vayan tirándolos de dos en dos, y proporcionan sumas por turnos. Pronto ven que aquello no es lo que esperaban…, sobre todo, los que apostaron por el uno. El juego no acaba cuando conocemos al ganador —ningún buen juego matemático puede acabar ahí—, sino cuando obtengamos todo su jugo analizando la situación resultante.

Es muy productivo preguntar: «¿Qué ha pasado con el caballo de la calle 1?». Cuando haces esa pregunta a niños de siete u ocho años te explican muy convencidos que «no puede avanzar». ¿Por qué? «Porque es imposible». ¿Qué le ocurre, está enfermo? «No, *profe*, es que si sumas dos dados no puede dar menos que dos». Después de este aprendizaje por la fuerza de las propiedades de la suma de los dados, es muy interesante volver a jugar; ahora tienen una intuición mucho más clara de lo que va a pasar, ya nadie apuesta por el 1, y pocos son los que lo hacen por el 2 o el doce.

Este juego es una forma muy divertida de explicar por la vía práctica lo que puede pasar cuando lanzas dos dados y sumas el resultado:

	1	2	3	4	5	6
1	2	3	4	5	6	7
2	3	4	5	6	7	8
3	4	5	6	7	8	9
4	5	6	7	8	9	10
5	6	7	8	9	10	11
6	7	8	9	10	11	12

Recuerdo haber hecho una tabla como esta con la consigna «considera el experimento lanzar dos dados y sumar su resultado». Sale lo mismo, pero no es igual.

A la vista de la tabla anterior es sencillo observar que el caballo de la calle 7 tiene mayor probabilidad de avanzar, ya que de las 36 maneras distintas en que pueden caer dos dados, son 6 las que suman 7; por eso la probabilidad de que avance el caballo 7 se establece justamente como el cociente entre el número de casos favorables (6) y el de casos posibles (36).

Me gusta mucho jugar a carrera de caballos, ya que se alcanzan objetivos de mucho nivel con muy poco esfuerzo.

También merece la pena jugar con gente que conoce la tabla anterior, porque el caballo 7 no gana siempre, por mucho que tenga mayor probabilidad de avanzar. Yo juego bastante a la carrera de caballos y ocurre que a veces gana el 5, 6, el 8, incluso una vez ganó el 4 ¡y con varias cabezas de ventaja! Una cosa es la probabilidad que esperamos y otra distinta lo que acaba sucediendo.

La generalización del cociente anterior recibe el nombre de regla de Laplace y va a servir para casi cualquier juego que implique azar:

$$P(\text{OCURRA A}) = \frac{(\text{NÚMERO DE CASOS FAVORABLES})}{(\text{NÚMERO DE CASOS POSIBLES})}$$

Esta regla nos va a servir siempre que podamos describir el conjunto de todos los posibles resultados (o espacio muestral) y que todos los elementos individuales que lo configuran tengan la misma probabilidad. Por ejemplo, imagina un juego que consista en lanzar un dado de seis caras equilibrado y apostar por que sale par. El espacio muestral es {1,2,3,4,5,6} y el conjunto de los resultados que nos son favorables es {2,4,6}. Tres entre seis: 0,5 es la probabilidad de ganar. O si nos jugamos tú y yo quién paga la cena lanzando tres veces una moneda y contando el número de caras, si salen al menos dos, pagas tú, si salen menos de dos, pago yo.

Pongo «C» si sale cara, «X» si sale cruz:

CCC = tres caras (pagas)
CCX = dos caras y una cruz (pagas)
CXC = cara, cruz, cara (pagas)
CXX = cara, cruz, cruz (pago yo)
XCC = cruz, cara, cara (vuelves a pagar tú)
XCX= dos cruces, pago yo
XXC= igual, pago yo
XXX = tres cruces es «dos o más», pago yo

Entonces:

$$P(\text{SALGAN AL MENOS DOS CARAS}) = \frac{4}{8} = \frac{1}{2} = 0,5$$

No me jugaría todo mi dinero a estos juegos, pero al menos sé que estamos en igualdad de condiciones; son juegos justos, salvo que la moneda esté trucada.

Volviendo a nuestro hipódromo, ¿por qué caballo apostarías si en lugar de jugar a sumar los dados jugásemos a calcular su diferencia (mayor-menor)?

La solución está a la vuelta de esta página, y tiene varios aspectos interesantes. No quiero anticipártela. Me gustaría que la pensaras sin ayuda.

Lanzar dos dados y calcular su diferencia tiene esta tabla, y si cuentas la ocurrencia de los distintos números (entre 0 y 5, no hay forma de que avance el pobre caballo 6), el que más se repite ¡es el uno! Con lo que se resarce de su derrota anterior.

	1	2	3	4	5	6
1	0	1	2	3	4	5
2	1	0	1	2	3	4
3	2	1	0	1	2	3
4	3	2	1	0	1	2
5	4	3	2	1	0	1
6	5	4	3	2	1	0

Una partida a la carrera de caballos con diferencias puede perfectamente tener esta pinta:

SALIDA											META
0	x	x	x	x	x	x					
1	x	x	x	x	x	x	x	x	x	x	
2	x	x	x	x	x	x	x	x			
3	x	x	x								
4	x	x									
5	x										
6											

Cuando el experimento se complica, bien porque todos los casos no tengan la misma probabilidad, bien porque se repite más veces, hay que utilizar estructuras más sofisticadas, pero no te preocupes, sumas y multiplicaciones van a ser más que suficientes, sobre todo a la luz de la máquina de Galton. Francis Galton fue en el siglo XIX un precursor de la estadística, aunque tocó tantos palos…, por hablar de alguno más «exótico» tengo que decirte que el señor Galton fue el primero en formular la mejora artificial de la especie, el primer eugenista. Nadie es perfecto.

Galton diseñó una máquina en la que unas bolas caían desde un contenedor e iban chocando con clavitos, desviándose a cada paso a la derecha o izquierda, en principio con idéntica probabilidad. Tras reiterarse los choques, las bolas se disponían en unas columnas verticales. Como puede verse en la ilustración, lejos de repartirse de manera más o menos uniforme, tendían —como nuestros caballos en la suma— a ocupar las posiciones centrales en una distribución acampanada.

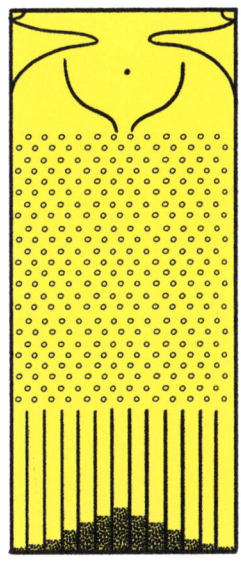

La primera consecuencia que podemos tomar de esto es la explicación de por qué el empate de las CUP era el resultado más probable. En una votación —en la que partimos de un sí o no ajustado— que todos los resultados sean sí o todos sean no es muy improbable. Igual de improbable es que todas las bolas caigan en la columna de un extremo. Dije antes que el tuit del catedrático cometía dos errores, y que el segundo era creer que todos los sucesos son igual de probables, pero ya sabemos que no. Existen 3030 formas distintas de recibir un voto a favor (y 3029) en contra, una por cada asambleísta. Hay muchísimas más combinaciones en las que son dos los disidentes, y muchas más en las que los votos que difieren de la mayoría son tres... Sigue aumentando la probabilidad, no demasiado en términos absolutos, sí en términos relativos, hasta llegar al resultado que puntualmente es más probable, el empate. En realidad, el tuit cometía tres errores, el último es un error de conteo. Decía que la probabilidad era de 1 entre 3029. En caso de que todas las configuraciones de votos a favor y en contra fueran igualmente probables —la única opción de utilizar la regla de Laplace— la probabilidad de cada una sería de 1 entre 3031. Desde 0 votos a favor hasta 3030 votos a favor hay 3031 números, no 3029. Pero de todos los errores, ese es el menor.

Nuestro desconocimiento sobre probabilidad nos lleva a estar bastante indefensos ante situaciones más complejas que acaban afectando a nuestra toma de decisiones. Imagina que hemos lanzado una moneda al aire 9 veces y que las 9 ha salido cara. La miramos bien y sí, tiene una cruz, solo que no ha aparecido ninguna vez. Vamos a volver a lanzarla al aire. ¿Qué apostarías? Muchos se decantarían por elegir cruz, ante la creencia de que el número de caras y de cruces tiende a igualarse. Estamos ante un caso sencillo de falacia del jugador. Sí que hay esa tendencia, pero es exactamente eso, una tendencia, algo que irá ocurriendo cuando realicemos números arbitrariamente grandes de lanzamientos. En breve, cuando el número de lanzamientos «se acerca a infinito», y diez lanzamientos está muy lejos de infinito. Lo cierto es que cada vez que lanzamos una moneda al aire estamos ante una situación en principio idéntica y salvo que no la estemos lanzando correctamente, la probabilidad de volver a obtener cara es la misma que las veces anteriores. Tal vez debamos darle la vuelta y, como en el mundo real las monedas tienen imperfecciones, lo mismo ocurre que esta moneda está ligeramente cargada del lado de la cruz y proporciona más caras...; tampoco tenemos evidencia suficiente para afirmar esto, y lo más razonable es seguir creyendo que obtener cara es tan probable como obtener cruz. En ocasiones encontramos que nuestro interlocutor recurre a que *a priori* obtener 10 caras seguidas es un suceso muy improbable.

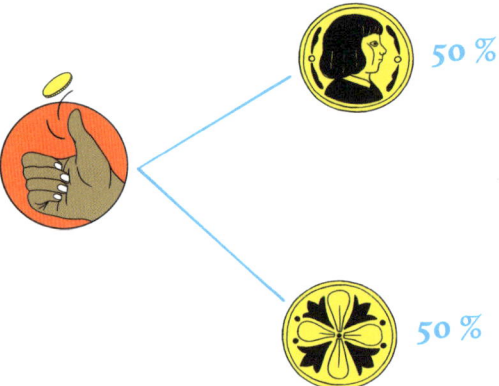

Observa que al final de cada «rama» tenemos la expectativa de monedas que se van a cada lado, un 50 %, una de cada dos. Estamos suponiendo que la moneda es justa, claro. Si reiteramos el proceso:

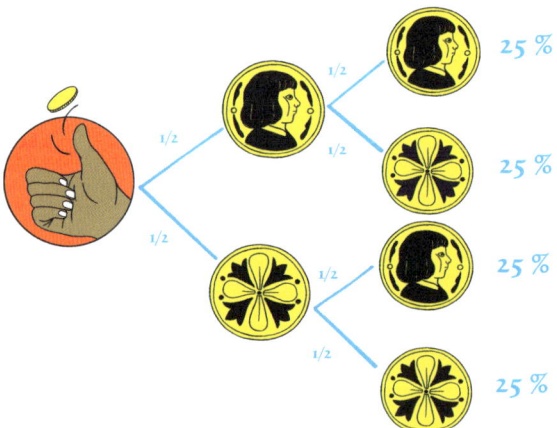

Observa que al final de la primera rama tendremos dos caras (CC), de la segunda cara y cruz (CX), en la tercera, cruz y cara (XC) y en la cuarta dos cruces (XX). ¿Qué probabilidad cabe esperar en cada caso? Como venimos diciendo, cabe suponer que los caminos son igual de probables en cada división, por lo que la probabilidad de encontrarnos al final de cada una de las ramas es exactamente la misma: un cuarto, un 25 %. La diferencia entre este modelo y la máquina que hemos visto antes es que esta acumula los casos centrales, de manera que lo que nos encontramos en la parte derecha del árbol son tres «cajas»:

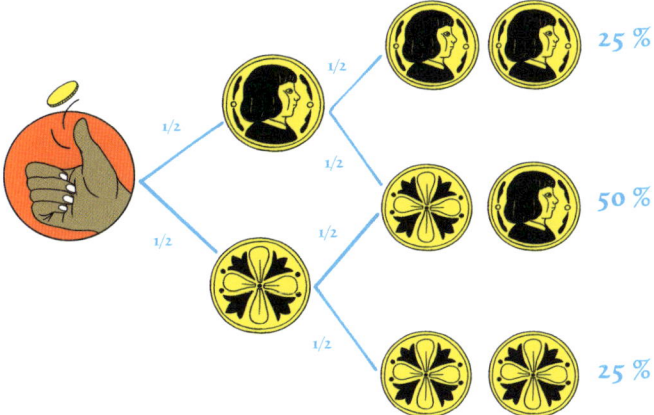

Esto es coherente con lo que esperábamos, y se corresponde con sumar nuestras expectativas en el árbol de arriba. Si un 25 % de las veces que juguemos a lanzar dos monedas obtendremos «cara y cruz» (en ese orden) y otro 25 % distinto de las veces obtendremos «cruz y cara», cabe esperar que la probabilidad de obtener una cara y una cruz sin importar el orden sea del 50 %, justo el doble que de obtener los casos extremos.

Lo que estamos viendo es que independientemente de que los casos al final se acumulen o no (algo que dependerá de si nos importa el orden o no), podemos ir separando los casos como quien manda bolas hacia un lado y otro del clavito de Galton, con el efecto de que las fracciones que están sobre cada rama (y que indicaban la probabilidad de que la bola tomase ese camino) se multiplican al final de las mismas.

Si tratamos de modelar los diez lanzamientos de antes, considerando igualmente que la moneda no está trucada, al final de cada rama tendremos:

CCCCCCCCCC
CCCCCCCCCX
CCCCCCCCXC
CCCCCCCCXX

...
XXXXXXXXCX
XXXXXXXXXC
XXXXXXXXXX
(No voy a escribirlas todas: hay 1024). *

Y, por lo visto, hasta ahora la probabilidad de encontrarnos al final de una concreta es ¹/₁₀₂₄, algo bastante pequeño, menos de una milésima, pero nuestro juego no nos preguntaba por la probabilidad de obtener 10 caras, sino por la de obtener la décima una vez que habíamos obtenido 9, y esa era exactamente igual a ½.

La diferencia entre mirar la probabilidad *a priori* y *a posteriori* suele llevarse al extremo en matemáticas con un chiste bastante negro (y malo). Nos habla de un pasajero que siempre que tomaba un avión llevaba una bomba en su equipaje, sabedor de que la probabilidad de que en un avión hubiese dos bombas es prácticamente nula. Lo cierto es que malos chistes aparte, la probabilidad de que otros pasajeros hubieran tomado la misma decisión es independiente de lo que él pensase.

Esta explicación que hemos visto con monedas se entiende mucho mejor con el juego del asalto al castillo. Ya lo decía Mary Poppins: con juegos, con música —con un poco de azúcar— todo entra mejor.

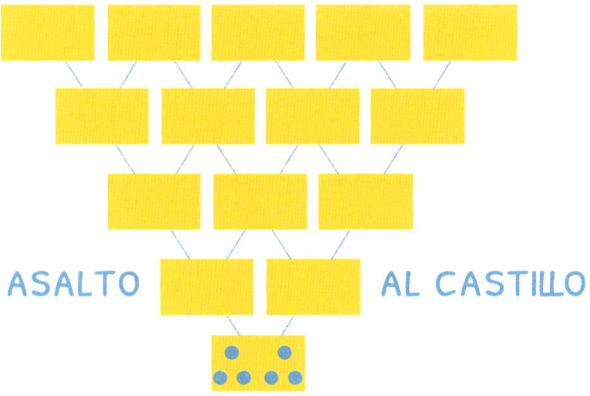

ASALTO AL CASTILLO

*

Sé que hay 1024 ramas porque hemos hecho 10 lanzamientos, 10 bifurcaciones, y eso es equivalente a multiplicar 2 por sí mismo 10 veces. De eso hablaremos en el próximo capítulo.

Imagina que eres un enamorado (en mi caso) o una enamorada y que estás esperando a tu Julieta —o tu Romeo— a que venga a darte el casto beso de buenas noches en lo alto de tu castillo. Un castillo que tiene una habitación en la planta baja, 2 en la primera, 3 en la segunda, 4 en la tercera y 5 en la cuarta y un balcón en cada habitación. Mi malvado padre —perdona, papá—, me ha encerrado en la cuarta planta, y no he tenido tiempo de decirle a mi enamorada en qué balcón estaría, pero ella sabe de mis conocimientos sobre probabilidad y decide la siguiente estrategia: antes de subir a la derecha o a la izquierda, lanza una moneda al aire y si sale cara sube al balcón derecho, si sale cruz, al izquierdo. Si yo pudiera elegir, ¿en cuál debería colocarme para tener más probabilidad de alcanzar el beso —y lo que surja— de mi amada?

Está claro que todos los ascensos pasan por la ventana del bajo, todos los caminos pasan por él, también está claro que hay exactamente las mismas probabilidades de que ascienda al balcón derecho del primer piso que al izquierdo, hay exactamente un camino hacia el derecho y uno hacia el izquierdo. En el ascenso al siguiente piso encontramos un camino (obtener dos caras) al balcón de la derecha, un camino (dos cruces) al balcón de la izquierda y dos caminos (el de la derecha, cara-cruz y el de la izquierda, cruz-cara) al balcón central. Por lo que, si estoy en él, la expectativa de encontrar el amor se dobla: dos de los cuatro caminos que suben a la segunda planta pasan por el balcón central.

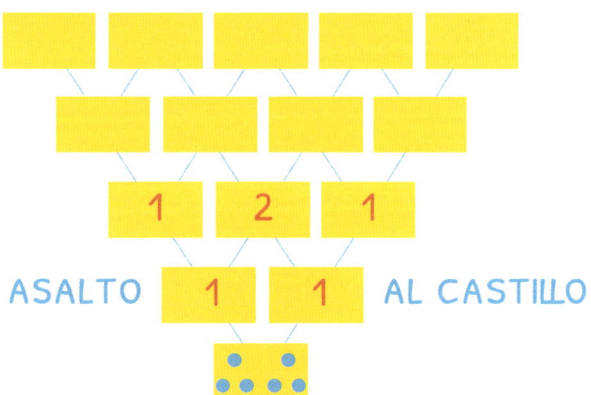

¿Cuántos caminos llegan a la tercera planta? Como en lo alto de cada balcón se bifurca el camino, podemos deducir que el doble, 8. ¿Cuántos pasan por cada balcón? La suma de los números que están en cada uno de los inferiores. Es una manera de verlo; también es válida contar caras y cruces, pero la diferencia es que si hacemos solo la estrategia de sumar puede que nos quedemos en el procedimiento y olvidemos lo que estábamos haciendo: un juego de combinatoria.

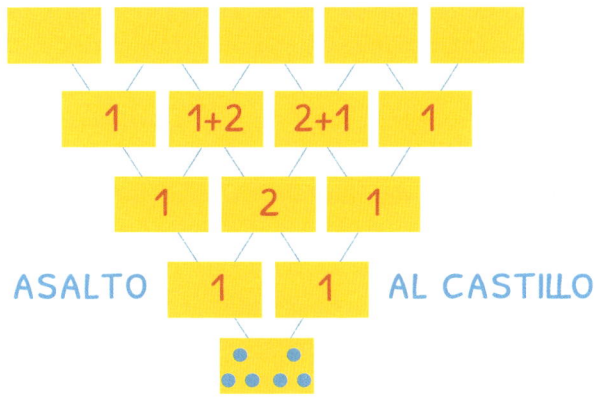

Esta curiosa descomposición de los ocho caminos que conducen a la tercera planta me recuerda algo; voy a terminar el ejercicio, a ver si te acuerdas tú también. Al balcón superior de la izquierda, Julieta solo llegará si en todos los lanzamientos obtiene cruz, solo hay un camino, mientras que a la contigua llegará si las tres primeras son cruz y la última cara junto con las tres formas de que llegara al segundo balcón del tercer piso más que el último ascenso sea a la izquierda: 4 formas distintas, 6 al balcón central, 4 al penúltimo y 1 (todo caras) al de la derecha. Puede que estos números no te digan nada, pero en secundaria es muy posible que tuvieras que aprender esta regla de cálculo para dar los coeficientes de los monomios en el desarrollo del binomio de Newton (me perdonen mis editores por los lectores perdidos al leer la anterior frase). El juego del asalto al castillo no es más que una versión boca abajo de aquella regla mnemotécnica que llamábamos el triángulo de Pascal (o de Tartaglia, que era otro, pero a los dos se les endosaba el árbol). ¿Qué puede tener que ver la probabilidad con el álgebra? Todo: en aquella ocasión se trataba de desarrollar un $(a+b)^n$; concretando, en el cuarto piso teníamos que calcular: *

$$(a+b)^4=(a+b)\times(a+b)\times(a+b)\times(a+b)$$

Si aplicamos la propiedad distributiva a la multiplicación, todos esos productos tendrán aes y bes. ¿Cuántas aes? Tantas como veces que pudiendo elegir hayamos elegido el camino de la izquierda. ¿Cuántas bes? Tantas como veces hayamos elegido el camino de la derecha. Cuando «redescubrí» esta relación entre polinomios y combinatoria no me lo podía creer, pero ya era tarde para enseñárselo a los

*

$(a+b)^4=1a^4+4a^3b+$ $+6a^2b^2+4ab^3+1b^3$ y son los mismos números porque, aunque parecen provenir de dos regiones de las matemáticas, están íntimamente relacionadas.

alumnos a los que torturé con una receta sin ningún sentido —prometo que no volverá a pasar—. Conclusión: «Papi, dormiré en la habitación del centro, que está más calentita».

Un juego maravilloso y que, aunque esté explicado cerca del final del libro, podría perfectamente habernos servido para conocer y ayudarnos a recordar los colores de las regletas (cuando las medimos con la blanca) es la carrera de regletas. Consiste en que hagamos dos «trenes» o filas de regletas, la tuya y la mía; para elegir la regleta que vamos a colocar lanzamos por turnos un dado de diez caras —nunca salgo de casa sin uno—. Tenemos diez cifras y con un dado de diez caras bien se puede obtener un número aleatorio tan grande como se precise. Para nuestra carrera, conviene que empecemos en un extremo de una mesa grande, ganará el que antes llegue al extremo contrario.

Es un juego en el que se van acumulando datos: hay números que salen más que otros, números que se resisten a salir… Cuando lo explico me gusta ir haciendo preguntas: ¿quién va ganando?, ¿por cuánto?, ¿qué número ha salido más veces?, ¿alguno que no haya salido aún?… Cuando alguien llega al extremo contrario se acaba la partida, y empiezan las matemáticas. Como ya he dicho alguna vez, un buen problema de matemáticas no acaba con «la solución es X». Lo mismo le ocurre a un buen juego matemático: empieza cuando sabemos quién ha ganado. Después de rendirle el merecido homenaje al ganador, retiramos el «tren» del perdedor y amontonamos las regletas del ganador. Quedará algo así:

Cada vez que veo un puñado de regletas desordenadas pienso en un problema que alguna vez me hicieron en el colegio: «Se tiene el siguiente conjunto de datos: 3, 6, 2, 5, 7, 1, 2, 5, 6, 7, 4... ¿Recuerdas qué venía ahora?». Siempre nos preguntaban por la terna que formaban la media, la mediana y la moda. Así en frío, sin que esos datos significasen nada, no son ni número de hermanos, ni pantallas en casa, ni regletas que me han salido en la partida que he ganado o perdido... Parece razonable si queremos responder a preguntas como «¿alguna que no haya salido?» o «¿cuánto mide la mesa?», que las ordenemos. Resultará:

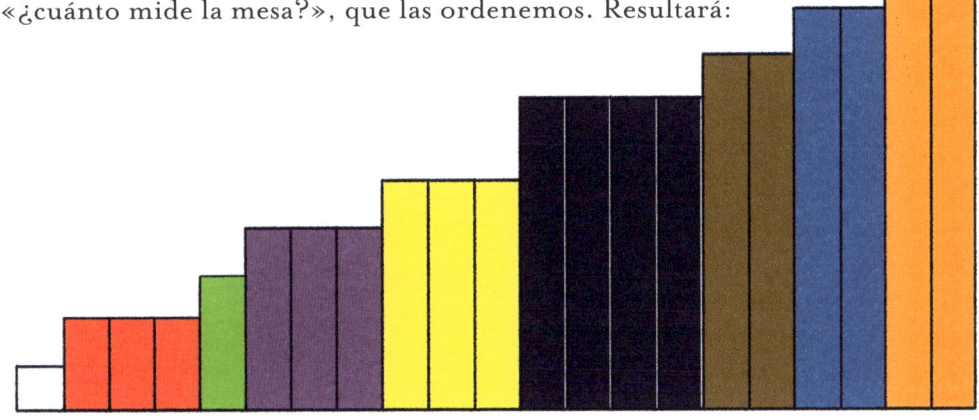

Un uno, tres doses, un tres, tres cuatros...

Lo primero que cabe observar de la imagen anterior es ¡que no ha salido ningún seis! Ni nos habíamos dado cuenta. Por otra parte, hay que ver lo mucho que recuerda a un diagrama de barras de los que se hacen en estadística. Con el añadido de que no hay ninguna posibilidad de confundir el dato (el número obtenido), con su frecuencia (las veces que ha salido cada dato). Dicho así cabe hacer alguna consideración sobre los datos ordenados: el dato que más se repite recibe el nombre de «moda», y pertenece a las medidas de centralización de los conjuntos de datos (nos informa de por dónde va la cosa). El dato más repetido en el ejemplo es el siete, que ha salido 4 veces. La segunda medida de centralización que se puede apreciar a simple vista es que, dado que disponemos de 21 datos ordenados de menor a mayor, hay uno que ocupa una posición central, el undécimo, el tercer 5. Eso significa que 5 es un número que es mayor o igual que la mitad de las tiradas que hemos realizado. A ese 5 se le llama «mediana» o percentil 50. Y sí, si quisiéramos ahora saber cuál es el percentil 10 no tendríamos más que buscar el primer dato que es mayor o igual que el 10 % de los presentes, y dado que el 10 % de 21 es 2,1 nuestro percentil

10 es 2. En el caso de mi hija, cuando su pediatra nos decía que estaba en el percentil 10 se refería a que de 100 pesos de niñas de su edad ordenados de menor a mayor el suyo sería mayor o igual a los 10 primeros. Algo que no es ni bueno ni malo, ya que hay que mirarlo en perspectiva, y ver cómo evoluciona.

La mediana es otra de las medidas de centralización, pero no es la más famosa, mérito que le corresponde a la media, la menos visible y, sin embargo, la más popular: el promedio de todas las tiradas. La suma de todos los datos divididos por el número de datos (tiradas, en nuestro juego).

Si volvemos al contexto del juego vemos que la suma de las tiradas es lo que mide la mesa, y toda vez que tenemos los datos organizados lo más sencillo es completar decenas y contar cuántas hay:

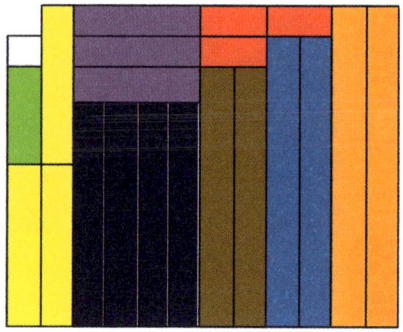

En nuestro caso falta una regleta blanca para 12 decenas justas, por lo que nuestro tren de regletas mide exactamente 119 (aunque algo nos hace pensar que tal vez la mesa medía 120 y se nos ha despistado un centímetro en el proceso). Si dividimos 119 entre 21 obtenemos 5,666..., que vuelve a ser una medida de por dónde va la cosa. De todas estas medidas, la que más se utiliza en la escuela y fuera de ella es la media, puede que por ser la que involucra más números y operaciones y todos sabemos lo mucho que nos gustan los cálculos en la escuela. Cuidado una vez más: la media es una medida muy sensible a que haya mucha discrepancia entre los extremos o a que haya muy pocos datos. Como caso límite hay que plantear cuánto valdría la media en el hipotético caso de que yo me comiera un pollo asado y tú, hambriento lector, no te comieras ninguno. La media es un pollo entre dos, en media hemos comido medio pollo cada uno.

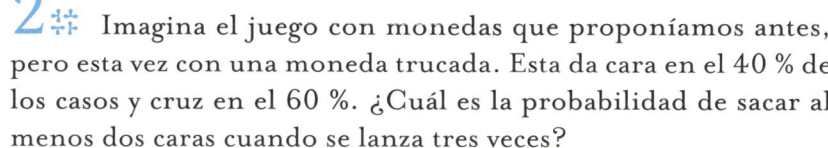

Ejercicios

1✥ Juguemos otra vez a la carrera de caballos. Esta vez vamos a jugar con caballos numerados del 0 al 9. Lanzamos los dados y multiplicamos sus resultados. Avanza el caballo de la cifra de las unidades del producto, esto es, si sale 2 y 5 el producto vale 10 y avanza el caballo 0, si sale 2 y 6 (12) avanza el caballo 2. ¿Con qué caballo vas?

2✥ Imagina el juego con monedas que proponíamos antes, pero esta vez con una moneda trucada. Esta da cara en el 40 % de los casos y cruz en el 60 %. ¿Cuál es la probabilidad de sacar al menos dos caras cuando se lanza tres veces?

3✥ Volvamos al juego de la carrera de regletas, e imagina que no dispones de un dado de diez caras y decides jugar con dos dados de seis caras. ¿En qué cambiarán los resultados?

4✥ He aquí estos tres caramelos (verde, rojo y azul). Ten cuidado, porque dos de ellos son venenosos y te causarán graves problemas intestinales, puede que incluso la muerte, mientras que el tercero es absolutamente inocuo. Por el sabor son indistinguibles. Elige uno. ¿Ya lo tienes? Como en todo caso hay dos venenosos, al menos uno de los dos que quedan lo es. Quito uno venenoso de los que quedan (no el que tú has elegido). Ahora en el juego solo hay dos caramelos, uno venenoso y otro inocuo. Te ofrezco quedarte con el que elegiste o cambiarte al que queda sobre la mesa. ¿Qué harías?

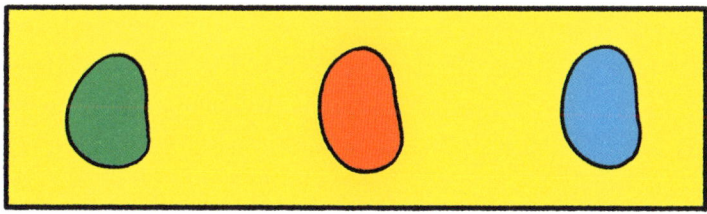

PAPÁ, ¿QUÉ HAY DESPUÉS DE INFINITO?

CAPÍTULO **8**

Cuando, en el primer capítulo, quería hablar de los problemas que parecen reales pero que para nada lo son, me venía todo el rato a la cabeza la famosa leyenda del ajedrez. Como probablemente la conozcas, seré breve. Dicen que el inventor del ajedrez fue invitado a pedir cualquier cosa en recompensa por su juego. Él pidió algo tan sencillo como imposible de conseguir: un grano de arroz (o trigo, todo depende de dónde situemos la leyenda) en el primer escaque, dos en el segundo, cuatro —su doble— en el tercero, ocho en el cuarto... Siguiendo esa progresión (que en matemáticas llamamos geométrica), ¿cuántos granos habría en el sexagésimo cuarto escaque? Pues exactamente $2\times2\times2\times2\times2\times2\times2\times2$ $\times2$ $\times2$ $\times2\times2\times2$. No hace falta que los cuentes, hay 63 doses. Dos observaciones: si vamos a usar esa multiplicación de un número por sí mismo muchas veces, es necesario que utilicemos alguna manera abreviada de escribirlo. En matemáticas se dice 2 elevado a 63, 2^{63}. Y la verdad es que compensa. Para calcularlo no bastará con escribir tres numeritos, porque de alguna manera tendremos que indicarle al ordenador o a la calculadora lo que queremos hacer; la pulsas, rellenas las cajitas y listo; en otras había una tecla con el símbolo x^y, y había que teclear el 2, luego pulsar esa tecla y luego el 63. Otra de las formas de simbolizar potencias es con el acento circunflejo (^). Funciona en ordenadores; prueba a teclear en la barra de direcciones de Google Chrome esto: 2^63. Fíjate la que se lía con solo cuatro o cinco teclas: 9 223 372 036 854 775 808. Es un número tan largo que tendremos que buscar otra forma de escribirlo. Números así de grandes se suelen escribir como potencia de 10, redondeando el número y quedándonos solo con las primeras tres o cuatro cifras ($9,22{\times}10^{18}$), de manera que para saber cómo de grande es el número nos vale con mirar el exponente para decir que tiene «unos 18 ceros» detrás de la primera cifra significativa, y eso son trillones, unos 9 trillones. *

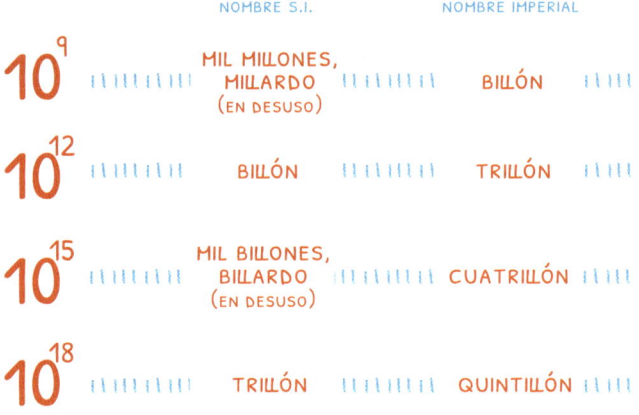

Creo que te he convencido de que es un número muy grande, y solo es el cereal que hay en el último escaque. Como número, sin duda, pero tal vez contando granos de cereal no sea tanto. Pues no, resulta que es más cereal que el que nunca se ha producido en la Tierra, y debo insistir en que es solo el que hay en la última casilla.

Como no se deben hacer afirmaciones como la anterior sin demostrarlas, he buscado cuánto arroz se produce en un año en todo el planeta: $2,573{\times}10^{12}$ kilos, billones de kilos. He dado por bueno que un grano de arroz pesa unos 0,05 gramos, esto es, que necesitas unos 20 granos para hacer un gramo y que por tanto en un paquete de 1 kilo de arroz puedes encontrar unos 20 000 granitos de arroz. ** Para saber cuántos gramos de arroz se produjeron el año pasado en la Tierra solo hay que multiplicar el número anterior por 20 000; te lo digo yo: $5,146 \times 10^{15}$, necesitamos unos dos mil años produciendo arroz para completar solo la última casilla. Y eso al ritmo de producción de arroz actual, que es el mayor de toda la historia… No lo veo.

Sigamos observando lo potente que es utilizar la regla de multiplicar por 2; cambiando de modelo, vamos a pensar en un experimento que podrías hacer en este momento.

Toma un folio tamaño A4, dóblalo por la mitad, bien doblado, que luego se pueda volver a doblar. Estás haciendo una cuartilla, lo llamamos A5; si lo cortas por la línea del doblez tienes dos A5, de hecho. Si repetimos el proceso generaremos cuatro A6, y si los volvemos a doblar por el centro generaremos 8 pequeños A7… Está claro que este problema es parecido al anterior; si siguiéramos doblando, al cabo de 63 dobleces tendríamos tantos folios pequeñitos como granos de cereal en el problema del ajedrez. El asunto es precisamente: ¿cuántos dobleces crees que podemos hacerle a un folio?

Antes de seguir me gustaría que lo intentases con un folio de verdad.

N.º DE PLIEGUES	HOJAS QUE HAY QUE PLEGAR EN EL SIGUIENTE DOBLEZ
1	2
2	4
3	8
…	
7	128
…	
10	1024

Lo cierto es que acaba resultando algo muy pequeño para doblarlo. Pero, aunque fuera mayor, 128 folios son muchos folios para doblarlos por el centro. Prueba a doblar un libro de 128 páginas… y si lo consigues, trata de dar un paso más; estarías doblando 256 páginas… Es complicado, bueno, confía en mí y no lo hagas, no me gustaría que ningún libro termine dañado por tomarte muy a pecho este experimento.

Hagamos, en todo caso, un esfuerzo de abstracción imaginando que sí se pudiese doblar: ¿qué altura tendría una pila en la que hemos realizado 63 dobleces? Si son folios ordinarios (80 gramos por metro cuadrado) podemos tomar por referencia un paquete de 500 folios, que tiene un poquito más de 5 centímetros de grosor, un nuevo doblez y ya tendremos 10 centímetros. Atención, 1000 folios son aproximadamente 10 centímetros. Eso es genial, porque 10 dobleces dan 1024 folios. Once dobleces serán 20 centímetros (un poco más) y 12 serán 40, 13 dobleces 80 centímetros y con 14 ya tendremos 1,60 metros. Deja que me salte unos pasos: en 22 dobleces ya tendremos 410 metros de espesor; mejor llamarlo altura, ya que es más alto que la torre Eiffel, y en 42 veces habremos alcanzado la distancia entre la Tierra y la Luna. Doblando folios podrías llegar a la luna. En realidad, no, pero puedes imaginarlo; bueno, la verdad es que me temo que tampoco imaginarlo. Resulta fascinante la capacidad que tienen las matemáticas para generar números inimaginablemente grandes.

De todos los números grandes, mi preferido es el gúgol, que se escribe solo con cinco dígitos: 10^{100}. Un gúgol es un número tan enormemente grande que es mayor que cualquier cosa que puedas medir o contar... en el universo. Más allá de eso no tiene mucha utilidad, salvo la de observar que puedes construir algo enormemente grande multiplicando 10 por 10 cien veces, y no es ni siquiera el mayor número con nombre de las matemáticas. Un gúgolplex es 10 elevado a gúgol y un gúgolduplex es 10 elevado a gúgolplex, y no te preocupes: ninguno «sirve» para casi nada. El 1 seguido de 100 ceros fue bautizado como *googol* por Milton, el sobrino de nueve años del matemático estadounidense Edward Kasner, algo que al escritor de ciencia ficción Isaac Asimov llenaba de rabia («padeceremos el invento de un mocoso») y eso que Asimov murió antes de que se registrase la marca Google, que como proyecto universitario pretendía organizar la ingente cantidad de información que ya contenía internet en 1996. Juzgue el lector si lo consiguió.

Tal vez la conversación entre Milton y su tío fue como la que yo escuché entre dos chicos de seis o siete años. Le preguntaba uno al otro: «¿Tú cuál es el número más grande que te sabes?». El otro le respondió: «10 000». El primero respondió fascinado: «¡Hala!». Para mis adentros pensé: «10 001», pero como no tengo maldad no lo dije en alto. Pensar lo muy grande es algo natural en el ser humano.

El niño de antes dijo «más grande», que no es correcto en castellano, pero que tiene cierto sentido en matemáticas. Un número como 10 000 es bastante grande, aunque está claro que un gúgol es mucho mayor; hablando de números positivos un número más grande que otro es claramente mayor que él, pero ¿y si hablamos de números negativos?

Un día cualquiera abres tu buzón y encuentras una carta del banco, dice que has pagado la cuota octogésimo quinta (85.ª) de tu hipoteca y que el capital pendiente ya es de solo 220 000 euros. Enhorabuena. Teniendo en cuenta que en mi cuenta en ese momento había unos 400 euros, es como si debiera 219 600 euros, como si tuviera en mi cuenta -219 600 euros. ¿Dirías que -219 600 es un número grande o no? Es claramente una pregunta relativa, lo mismo a ti no te lo parece, a mí sí. Se dice que si debes 200 000 euros tienes un problema, pero que si debes 200 millones es el banco el que tiene un problema. En cualquier caso -219 600 es un número menor que 0, es menor que 7, es menor que cualquier cantidad positiva. Por tanto, encontramos una disparidad entre «mayor que» y «más grande». En matemáticas no son equivalentes. La razón es que «mayor que» es un término propio de las matemáticas. El lenguaje que utilizan estas es formal, no permite ambigüedades. Sin embargo, «más grande» —que se podría definir como «mayor en términos absolutos»— no es un término matemático. Sea como fuere, hay más ejemplos de palabras que no significan lo mismo en castellano y en matemáticas, y hay que ser precavido con la traducción de un lenguaje a otro.

Como hemos visto en capítulos anteriores nuestro sistema de numeración es posicional y de base 10. Esto implica que para escribir cualquier número disponemos de diez cifras que podremos repetir las veces que necesitemos para escribir números grandes. Pero ¿y si necesitamos escribir números pequeños? ¿Cuándo un número es pequeño? La mejor respuesta que se puede dar vuelve a ser un «depende». Si estamos hablando del presupuesto de la reparación de un coche un euro más o un euro menos es pequeño, si estamos hablando de una operación en la córnea un centímetro más o menos puede ser definitivo. Nótese que hablo de grande y pequeño, en matemáticas «grande» es lo que está lejos de cero, ¿cuánto? Pues depende, y «pequeño» es lo que está —relativamente— cerca de cero.

Por cierto, que ahora que estamos con el «mayor que» y el «menor que», ¿recuerdas los símbolos que se utilizaban para decir que un número x era mayor que otro y?: x>y; si pones «x<y» estarás diciendo que x es menor que y (por ejemplo, 3<5 o -219 600 < 5). Recuerdo que se me hizo un mundo aprender los símbolos, me parecía muy arbitrario; al final me hice una regla mnemotécnica: el lado más abierto era donde había más; pero nunca estuve conforme del todo. Cuando escuché cómo se enseña a los niños de cinco años el símbolo de «menor que» no podía dar crédito: se coloca un cocodrilo, tres objetos a un lado, cinco al otro, y el cocodrilo se come «donde hay más».

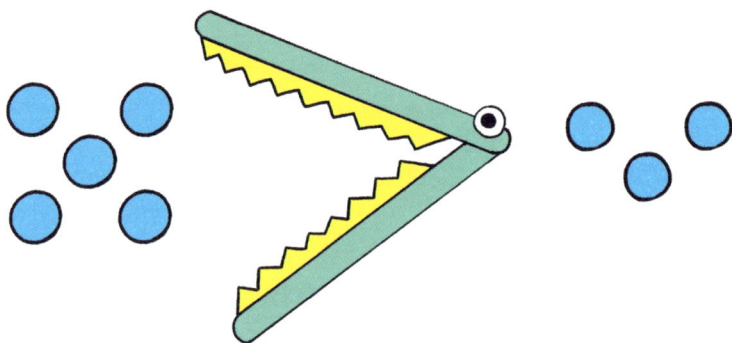

¿Por qué? Porque el cocodrilo tiene hambre, supongo. ¿Y no se cansa? No. Puestos a imágenes para recordar algo, te sugiero esta otra, con mis queridas regletas:

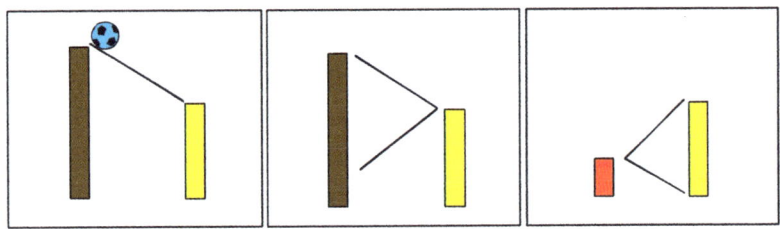

«Papá, ¿qué es el infinito?». Tenía que pasar. Para un matemático es un momento tan importante como que te pregunten de dónde vienen los bebés. Y las respuestas del tipo «los granos de arena del desierto», «las gotas de agua del mar», son evasivas, a todas luces equivalentes a hablar de que papá puso una semillita en mamá. Además, todos sabemos que los granos de arena del desierto se pueden contar. Piénsalo. Si en un milímetro cúbico caben 10 granos de arena muy muy fina, en el Sáhara no habría más que unos 10^{21} granos. Y con las gotas de agua es parecido: si nos quedamos con el Mediterráneo y dando por buenas unas gotas de 2 milímetros de diámetro, nos valdría con 10^{24} como cota superior de gotas en el mar. Todo queda definitivamente lejos de algo que ya conocían en la escuela de Pitágoras: «El infinito es una cosa que no tiene magnitud asimilable». Cualitativamente distinto a las gotas de agua o a los granos de arena, que sí tienen magnitud.

Hay un chiste matemático que trata de explicar lo que es el infinito. Dice:

—Imagina un número.

—Vale.

—Pues eso no es el infinito.

Creo que tampoco sirve, pero lo utilizo como nota mental a la hora de explicar el infinito, pues no se puede decir: «El infinito es un número que…».

¿Y cómo le explicamos a un niño de siete años qué es el infinito? Hay un cuento maravilloso de Gianni Rodari que me gustaría contarte. Creo que puede ayudarnos. Se llama *La casa de Tres Botones,*[*] y es la historia de un carpintero muy pobre en un pueblo muy pobre. Como nadie tiene dinero para hacerle encargos, muy a su pesar, se fabrica una pequeña casa con ruedas y un asa para poder ir tirando de ella hasta su nuevo e incierto destino. Su casa es tan pequeña que tiene que colgar fuera de ella su serrucho. En su primera noche se desata una tormenta y se despierta sobresaltado por los golpes en la puerta. Resulta ser su tío, que se ha quedado sin techo y no tiene dónde pasar la noche. «¿Puedo pasar?», pregunta y Tres Botones, preocupado por qué van a comer a la mañana, le dice que sí, que donde cabe uno, caben dos y allí entra su tío a dormir. Un rato más tarde —y mientras sigue la tormenta— vuelve a sonar la puerta y es una viuda que ha sido desalojada. Le dice que pase, que donde caben dos, caben tres. También pasan sus cuatro hijos, uno a uno, porque ya se sabe, para los niños siempre hay un hueco… Una a una, van llegando más personas a su casa. El último en llegar es el rey mismo de aquel país, que encuentra cobijo de la tormenta, también su caballo, y si no llega más gente es porque amaina la tormenta, o amanece, o algo.

¿Qué tiene que ver esta historia con el infinito? Mucho. Todo. En matemáticas llamamos principio de inducción a la regla que se utiliza para la formación de los números naturales, que son infinitos. Los números naturales se basan en que hay un primer elemento —el

[*] Este relato fue adaptado visualmente por el programa *Una mà de contes* de TV3, en catalán. La versión es deliciosa.

0, o el 1, alguno tiene que ser el primero— y que, dado un número, su siguiente también es un número natural. Piensa en el número natural más grande que sepas, súmale 1, y ahí tienes otro número natural mayor. Y la clave de la construcción de los números naturales está justo en el 10 001 que reprimí ante la conmovedora conversación de los dos niños de antes: dado cualquier número natural puedes encontrar su siguiente, solo hay que añadir un uno.

En la casa de nuestro carpintero caben infinitas personas porque tiene un primer elemento (Tres Botones) y siempre hay sitio para alguien más. El famoso «donde caben n, caben n+1». Y así se cobijaron todos esa noche en la casa de Tres Botones. Por cierto, alerta *spoilers*: el secreto no estaba en la madera, sino en que la casa estaba hecha con el corazón y en el corazón siempre hay espacio para uno más. Una vez que te he reventado el secreto matemático del cuento y del infinito, déjame decirte que Tres Botones se casó con la viuda y se convirtió en el carpintero de un palacio mucho menos monárquico, ya que el rey se dedicó a itinerar tratando de resolver los problemas de los habitantes del reino.

El cuento de Rodari nos sirve para tener una primera intuición de lo que es el infinito de los números que sirven para contar, los números naturales. Pero nos deja también un buen puñado de interrogantes, y el primero y más paradójico es: ¿podríamos decir alguna vez que la casa de Tres Botones está llena?

Esta pregunta apela directamente a uno de los significados del infinito y a una de sus primeras paradojas. Para tratar de resolverla, voy a contar otro cuento, uno que los matemáticos nos sabemos bastante bien. Se trata del cuento del Hotel Hilbert y nos va a servir además para hacer una demostración de cuántos números pares hay.

El Hotel Hilbert es muy grande, tan grande que en una sola planta y un solo pasillo hay infinitas habitaciones. A partir de la recepción se abre un largo pasillo que tiene, como las calles de mi pueblo, a la izquierda las habitaciones impares y enfrente, las pares. Estamos en temporada alta y el hotel se encuentra completo; es un completo un poco especial, porque —como en la casa de Tres Botones— siempre hay sitio para un huésped más. Los huéspedes se alojan con la condición de que en mitad de la noche se los puede despertar para cambiar de habitación, pero en beneficio de todos. Imagina que en mitad de la noche se desata una tormenta, y un viajero debe alojarse en el hotel. Solo es un poco incómodo, porque habrá que decir a los huéspedes que recojan sus pertenencias y se desplacen a la habitación siguiente, la que suma un 1 al número de aquella en la que estaban durmiendo. Solo tienen que cruzar el pasillo, un pequeño esfuerzo, pero merece la pena: no podemos dejar al pobre a la intemperie. El que está en la 1 pasará a la 2, el que estaba en la 2 irá a la 3, que se encontrará vacía (y con las sábanas calentitas) y así todos. Este procedimiento deja libre la habitación 1, aunque podríamos haberle asignado cualquier otra; es una forma justa, ya que afecta a todos por igual y todos caminan una distancia pequeña. Podemos mejorar este resultado. Tendremos que incomodar un poco a nuestros huéspedes. Si admitimos la posibilidad de que los inquilinos del hotel caminen en mitad de la noche distancias mayores, el Hotel Hilbert podría alojar a infinitos nuevos inquilinos. «Solo» habrá que pedir que cada uno se desplace a la *suite* que tiene número doble de la que ocupaban: el alojado en la 1 se irá a la 2, el que estaba en la 10 se moverá hasta la veinte. El huésped de la habitación gúgol tendrá que desplazarse a la habitación 2 gúgol (le va a tomar un rato), pero esto nos garantiza que todas las habitaciones con número impar quedan libres para alojar a tantos nuevos huéspedes como números impares hay. ¿Cuántos números impares hay? En un primer momento uno diría que los números se separan en dos grandes grupos: los pares y los impares. Parece natural pensar que hay tantos pares como impares, y así es. Lo curioso es que también hay tantos pares (e impares) como naturales. Por extraño que pueda parecer. Y lo podemos demostrar reflexionando sobre el movimiento que han hecho los huéspedes del hotel.

1	▷▷ ▷▷ ▷▷▷	2
2	▷▷▷▷ ▷▷ ▷▷	4
3	▷▷ ▷▷▷▷▷	6
4	▷▷ ▷▷▷▷ ▷▷	8
...	▷▷ ▷▷▷▷ ▷▷	...
N	▷▷ ▷▷▷▷ ▷▷	2N

Observa el esquema: en la columna de la izquierda están todos los números naturales, en la de la derecha solo los pares. La doble flecha simboliza una correspondencia: a cada número, su doble.

También expresa de dónde viene cada doble, de su mitad. Esa correspondencia uno a uno —lo que se suele llamar una biyección o correspondencia biunívoca— nos garantiza que ningún natural queda sin su doble y ningún doble queda sin su mitad. No hay más de los unos que de los otros. ¿Qué te parece? Acabamos de demostrar que los números naturales son tantos como los números pares. Está claro que con una estrategia parecida podríamos hacer corresponder a todos los naturales con los impares ($n\leftrightarrow2n+1$, o menos uno, en función de que el primer natural sea el 0 o el 1, un detalle menor).

La idea de un hotel con infinitas habitaciones no es mía, sino de David Hilbert, un matemático alemán, nacido en la capital de Prusia Oriental, Königsberg (¡la de los puentes!), en 1862. Hilbert fue el matemático más influyente de principios del siglo XX; muestra de ello es la lista de veintitrés problemas abiertos que recopiló para el Congreso Internacional de Matemáticas de París que se celebró en 1900. Muchos de estos problemas orientaron el trabajo de la comunidad matemática en los siguientes años. El primero de estos problemas era la hipótesis del continuo, que trataba justamente sobre conjuntos infinitos. Ocurre que no todos los infinitos tienen el mismo tamaño, pero los que hemos visto en el hotel (el conjunto de pares, el de impares, el de los números naturales) eran todos del mismo tamaño; en realidad cualquier conjunto que se pueda numerar (y para el que siempre haya un elemento siguiente) tiene ese tamaño. Hablemos con propiedad, al número de elementos que tiene un conjunto se le llama cardinal. Teniendo en cuenta que estamos hablando de que hay diversos infinitos no podemos simplemente decir «el cardinal de los números naturales es infinito», habrá que precisar un poco más. Como se nos acaban los símbolos tomamos $\aleph$ (aleph), la primera letra del alfabeto hebreo, y para indicar que es el primer cardinal infinito le ponemos un subíndice, un cerito: $\aleph_0$ (se lee «aleph subcero»). Antes de hablar de otro cardinal infinito mayor que $\aleph_0$ voy a dar otro ejemplo de conjunto infinito con $\aleph_0$ elementos. Es posiblemente el primer conjunto del que se formuló su infinitud, a pesar de que todavía hoy no hay una manera efectiva de saber si un elemento pertenece o no a ese conjunto. Se trata del conjunto de los números primos, los que no se pueden «repartir» más que entre 1 o entre sí mismos. Vamos a probarlo, utilizando una demostración que se conoce desde hace miles de años, la que figura en el libro IX de los *Elementos*, de Euclides, publicado aproximadamente en el año 300 a. C.

Los números primos son más que cualquier multitud fijada de ellos.

Observa que Euclides, en su genial compendio de conocimiento, no podía decir —como decimos hoy— que hay infinitos números primos. ¿Qué era eso del infinito para ellos? Poco más que una fuente de paradojas más en el territorio de la lógica y la filosofía especulativa que en el de las matemáticas (aunque en la época no hubiera mucha separación entre estas disciplinas). La demostración que aparece en su libro es muy interesante, principalmente porque nos propone imaginar que los números primos que hay (esa «multitud fijada») fueran tres, además porque nos muestra que los números para los griegos eran longitudes o medidas. Sean A, B y C esas tres medidas que no se pueden dividir más que entre 1 o entre sí mismas. Consideremos DE como el número menor que se puede medir con A, con B y con C (hoy lo llamaríamos el mínimo común múltiplo de los tres, pero como son primos, bastará con que sea el producto de A por B por C). Al segmento DE se le añade EF, la unidad, que sirve para medirlos a todos.

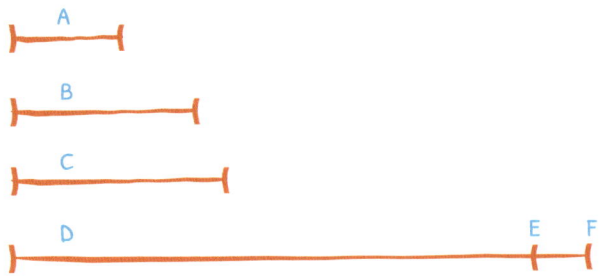

Si trato ahora de medir este segmento DF utilizando la unidad A es seguro que sobrará un trocito, justamente el de E a F, ya que A cabe un número exacto de veces en DE (y ninguna vez en EF, que para algo es la unidad). En términos modernos diríamos que la división no da exacta, sino que tiene resto 1. Lo mismo ocurre cuando trato de medir utilizando B o C. Si el segmento DF no se puede medir utilizando ninguno de los tres primos (los únicos que había, por hipótesis) es que debe de ser un nuevo número primo. Vaya, ¿no había supuesto que había tres? Así que, si los primos son tres, llegaremos a que los primos son cuatro. ¿No os recuerda este cuento a algo? Si siempre hay sitio para uno más, es que hay infinitos primos.

Este procedimiento llevado a números concretos genera algunos primos; quiero decir que cuando lo imaginamos con los primeros primos, 2, 3, y 5, 2 × 3 × 5 + 1 = 31 es primo; pero no es este un procedimiento muy eficaz a la hora de encontrar números primos. El más antiguo que se conoce nos lo da la Criba de Eratóstenes, el que midió la circunferencia de la Tierra. Su procedimiento nos permite obtener en un periquete conjuntos de números primos menores que un número dado. Imagina que quieres conocer los primos que hay entre 1 y 100; para ello te voy a pedir que escribas esos números. Lo puedes hacer de cualquier manera, pero la más productiva va a ser que los coloques en 10 filas de 10 columnas cada una:

1	2	3	4	5	6	7	8	9	10
11	12	13	14	15	16	17	18	19	20
21	22	23	24	25	26	27	28	29	30
31	32	33	34	35	36	37	38	39	40
41	42	43	44	45	46	47	48	49	50
51	52	53	54	55	56	57	58	59	60
61	62	63	64	65	66	67	68	69	70
71	72	73	74	75	76	77	78	79	80
81	82	83	84	85	86	87	88	89	90
91	92	93	94	95	96	97	98	99	100

Dando por bueno que un número primo es uno que tenga exactamente dos divisores* descartamos el número 1 y marcamos el 2 como nuestro primer número primo. A continuación, descartamos todos los múltiplos de 2, los números pares, que por la forma de la tabla quedarán en 5 columnas:

1	2	3	4	5	6	7	8	9	10
11	12	13	14	15	16	17	18	19	20
21	22	23	24	25	26	27	28	29	30
31	32	33	34	35	36	37	38	39	40
41	42	43	44	45	46	47	48	49	50
51	52	53	54	55	56	57	58	59	60
61	62	63	64	65	66	67	68	69	70
71	72	73	74	75	76	77	78	79	80
81	82	83	84	85	86	87	88	89	90
91	92	93	94	95	96	97	98	99	100

*

Una definición muy conveniente, precisamente por dejar fuera el número 1, algo que podrías pensar que es arbitrario. Lo es. Tiene utilidad para que los números se puedan expresar de forma única como producto de primos, salvo por el orden, y no tener que añadir la coletilla «salvo productos de unos».

Antes de continuar, señalando el 3 como nuestro segundo primo —y primer primo impar—, quiero hacer notar que el patrón que se observa en la imagen anterior nos da la forma que tienen los números pares: efectivamente, escritos en base 10, son pares todos los números que acaban en 0, 2, 4, 6 u 8; pero ojo, eso no es ser par, eso es un criterio para distinguir pares; el próximo siglo, el XXII, será par, pero no cumple ese criterio, porque no está escrito en el sistema decimal. Tampoco hace falta contarnos para saber que somos pares si vemos que podemos bailar por parejas y no sobra nadie. Volviendo a los primos y la criba, marcamos ahora el 3, y descartaremos todos sus múltiplos, que tendrán esta bonita distribución (los señalamos todos, aunque la mitad, los pares, ya estaban descartados):

	②	③	4	5	6	7	8	9	10
11	12	13	14	15	16	17	18	19	20
21	22	23	24	25	26	27	28	29	30
31	32	33	34	35	36	37	38	39	40
41	42	43	44	45	46	47	48	49	50
51	52	53	54	55	56	57	58	59	60
61	62	63	64	65	66	67	68	69	70
71	72	73	74	75	76	77	78	79	80
81	82	83	84	85	86	87	88	89	90
91	92	93	94	95	96	97	98	99	100

Seleccionamos el 5 como nuestro siguiente primo y descartamos todos sus múltiplos (muchos de ellos ya estaban descartados por ser múltiplos de 2 o de 3):

	②	③	4	⑤	6	7	8	9	10
11	12	13	14	15	16	17	18	19	20
21	22	23	24	25	26	27	28	29	30
31	32	33	34	35	36	37	38	39	40
41	42	43	44	45	46	47	48	49	50
51	52	53	54	55	56	57	58	59	60
61	62	63	64	65	66	67	68	69	70
71	72	73	74	75	76	77	78	79	80
81	82	83	84	85	86	87	88	89	90
91	92	93	94	95	96	97	98	99	100

Este procedimiento, muy rudimentario, recibe el nombre de criba de Eratóstenes*, en honor al matemático, astrónomo y poeta Eratóstenes de Cirene (276 a. C. - 194 a. C.), al que debemos también la primera estimación del radio y longitud de la circunferencia terrestre, que vimos en el capítulo 6. Nos ayuda además a recordar las reglas de divisibilidad (observa que todos los múltiplos de 2 acaban en cifra par, y que los múltiplos de 5 acaban en 0 o 5), y nos ha proporcionado ya un buen puñado de múltiplos de primos; el primer compuesto que no está señalado en esa tabla es justamente el 7 por 7, ya que todos los anteriores múltiplos de 7 estaban señalados por ser múltiplos de 2, de 3 o de 5. Marcamos en azul oscuro los múltiplos de 7 para ver que se distribuyen también en un bello patrón:

Todos los números que hay en la tabla, los que no hemos coloreado, son primos ya, puesto que como en el caso anterior el primer número compuesto que no estaría tachado sería el 11 por 11, que no se encuentra en la tabla. Si quitamos todos los compuestos de la tabla anterior, nos quedaremos con 25 primos en la primera centena. Además, al ver que van escaseando según avanzamos, podríamos pensar que conforme vamos considerando números mayores encontraremos menos primos y que irán apareciendo de forma caprichosa a partir de un momento, como en la decena del 90, que tiene un solitario primo: el 97. Es cierto, los primos parecen distribuidos de manera caprichosa, tanto que a menudo se muestran en parejas, que reciben el nombre de primos gemelos: salvo la anomalía 2 y 3 lo más cerca que pueden estar dos números primos es 2, y los mayores de la primera centena son 71 y 73. Pero los hay muchísimo mayores; los más grandes conocidos a día de hoy tienen 388 342 dígitos.**

*
    Probar a organizar este cribado en tablas de otro ancho es muy interesante. Te invito a que lo intentes sobre una tabla de 6 columnas y a ver qué descubres. (*Spoiler*: casi TODOS los primos son anteriores o posteriores a un múltiplo de 6).

**
    Me vas a permitir que no los escriba, primero porque tienen más dígitos que caracteres incluyendo espacios tiene este libro, y segundo porque siendo un área en constante investigación puede que en el momento en que leas estas palabras ya no sean los mayores. Por cierto, la existencia de infinitas parejas de primos gemelos recibe el nombre de «conjetura de los primos gemelos», y como su propio nombre indica, no está aún demostrada. ¿Te animas?

		2	3		5		7		
11		13				17		19	
		23						29	
31						37			
41		43				47			
		53						59	
61						67			
71		73						79	
		83						89	
						97			

La distribución de los números primos en la inmensidad de los números naturales es a día de hoy un problema abierto. Si bien la cantidad de primos que vamos encontrando (su densidad) va disminuyendo según vamos considerando rangos mayores, podemos encontrar una centena que apenas contiene números primos mientras en la siguiente se amontonan. La propia «primalidad» de un número (que sea primo o no) es muy difícil de determinar y toma en la práctica muchísimo tiempo de computación si el número es suficientemente largo y está bien elegido. Es un área muy fértil y con tremenda aplicación práctica. Números muy grandes y que parecen primos se utilizan para mandar mensajes en clave: el receptor conoce alguno de sus factores y así tiene la llave para entenderlo o desencriptarlo.

Decía antes que el primer problema que planteó Hilbert en su lista, hoy bastante menguada, de problemas abiertos, era la hipótesis del continuo de Cantor. Esta trata de que hay infinitos mayores que otros, particularmente el de los números reales. Si solamente tratásemos de contar cuántos números reales hay entre 0 y 1 veríamos que a fuerza de irracionales (todos números decimales con infinitas cifras no periódicas) es un infinito de mayor magnitud que el de los números naturales. Esto significa que los números reales no se pueden contar. El lector curioso encontrará la demostración en la sección de «Ejercicios».

Traduciéndolo a nuestro hotel infinito: si llega un autobús con infinitos pasajeros, tantos como números reales hay, no habría forma de acomodarlos en el hotel. La hipótesis del continuo se pregunta si hay algún cardinal infinito comprendido entre el de los números naturales y el de los números reales, y si se le sigue llamando hipótesis, es porque sigue abierta a día de hoy; otro problema más con el que, lector, podríamos hacernos ricos y famosos.

El infinito genera muchas situaciones paradójicas y no solo el infinito de lo grande, también el infinito de lo pequeño tiene lo suyo. La más famosa de estas situaciones sin aparente sentido nos viene de la Antigüedad, y la propuso Zenón de Elea —discípulo de Parménides— hace veinticinco siglos. En una hipotética carrera en la que Aquiles —«el de los pies rápidos»— dejase una pequeña ventaja a la tortuga, cuando aquel arrancase tendría que recorrer la mitad de la distancia que le separa de la tortuga, y luego la mitad de la mitad, y luego la mitad de la mitad de la mitad… y eso solo para llegar a donde la tortuga estaba antes, ya que si lo conseguía, la tortuga ya habría avanzado. Mi consejo es que no intentes resolverla. Cuando asumes los postulados de la paradoja has perdido. Como cuando cuestionas la veracidad de la afirmación «Esta frase es falsa»: si es verdad lo que dice, tiene que ser falsa, y si es falso lo que afirma, entonces su contenido es verdadero. La situación del hotel no es una paradoja: caben infinitas personas, tantas como puedas meter, de una en una, en tu corazón.

En matemáticas «resolvimos» la paradoja del movimiento, de lo grande y lo pequeño utilizando la llamada propiedad arquimediana. En una versión muy simplificada de esta, decimos que dadas dos magnitudes de un conjunto que cumpla la citada propiedad, siempre podremos compararlas. Esto se concreta aún más cuando nos fijamos en dos medidas, por ejemplo, dos longitudes, una muy corta —pongamos los 0,4 milímetros que crece un pelo de la cabeza en un día— y una muy larga —los 40 000 kilómetros que determinó Eratóstenes que medía un meridiano terrestre—; como son magnitudes, se pueden comparar. En efecto, si dividimos los 4×10^{10} milímetros que mide el ecuador entre 0,4, obtenemos los 10^{11} largos días en los que tendrías que cuidar tu cabello para alcanzar la longitud deseada. Y no hay peros que valgan: si no te dejas crecer el pelo para darle la vuelta a la Tierra, es porque no quieres. Bueno, por eso, y porque son 274 millones de años. Pero las magnitudes se pueden comparar. Y eso es lo importante. Los números reales, los que utilizamos para medir, no guardan en su interior elementos que sean infinitamente pequeños o infinitamente grandes; por cortos que des los pasos hay un número natural (puede que sea grande) que te hace llegar a una longitud larga fijada, aunque puede que te lleve mucho tiempo.

Hay, en el mundo real, un área en la que lo muy pequeño tiene bastante presencia: la farmacología. Los principios activos de un medicamento suelen venir expresados en miligramos, milésimas de gramo, una unidad tan pequeña que tu masa medida en ella es del orden de la decena de millón —bueno, en mi caso, que soy de huesos gordos, de la centena de millón—. Si miramos la etiqueta de Dalsy, un conocido antinflamatorio con efecto analgésico y antipirético infantil, vemos que su principio activo es el ibuprofeno. Un mililitro de este medicamento dulzón de color naranja contiene 20 miligramos de ibuprofeno. La dosis para un bebé de cuatro meses que pese unos 6 kilogramos es entre 1,7 y 2,5 mililitros por toma (3 al día), o sea, un máximo de 150 miligramos de ibuprofeno. No es lo único que lleva este brebaje dulzón y anaranjado, que debe su color al colorante E110 —el de la paella—, del que lleva 0,1 miligramos por mililitro. Recuerda que el bebé de antes toma alrededor de 2 mililitros. Recientemente hubo una alerta que lanzó una asociación de consumidores española, por los posibles efectos secundarios del consumo de este colorante. Tratándose de un medicamento infantil parecían sobrar las razones para utilizar el llamado principio de precaución y dejar de utilizarlo con niños. Lo cierto es que las autoridades de seguridad de los alimentos hablan de un máximo de 4 miligramos de colorante por kilo de peso y día. La cuestión es que si nuestro bebé se toma su dosis máxima de Dalsy (y no come demasiada paella) ingerirá 0,75 miligramos de colorante, 32 veces menos que el máximo autorizado. Allá cada uno con el principio de precaución, tomamos muchos medicamentos —y damos demasiados a los niños—, pero no parece ir por ahí el peligro, en esta ocasión.

Se le atribuye al médico —y astrólogo; nadie es perfecto— suizo Teofrasto Paracelso la cita: «Todo es veneno, nada es veneno. Solo la dosis hace el veneno». Lo cierto es que practicamente cualquier sustancia que ingerimos es potencialmente mortal si la tomamos en dosis demasiado altas. Para orientarnos en este terreno tenemos el cálculo de la dosis letal media, esto es, la cantidad —en miligramos— que mataría al 50 % de las personas que la ingirieran. Dejaría vivas a la otra mitad de las personas, pero no se trata aquí de matar gente. La mitad es suficiente para que nos planteemos tener cuidado. La dosis letal media está calculada para adultos de 75 kilos. Y resulta sorprendente que además de algo tan razonable como que 10 gramos de cafeína pura (93 cafés expresos en un día) podrían matarte —o quitarte el sueño una buena temporada si eres del 50 % que no muere—, 7 litros de agua también podrían hacerlo. Es lo que se llama hiperhidratación y parte de una excesiva dilución del sodio en sangre, para acabar provocando un edema cerebral..., así que cuidado con ese peligroso compuesto químico que es el óxido de dihidrógeno, H_2O, popularmente conocido como agua.

Lo que seguro no va a matarte es la concentración de «principio activo» que contiene la homeopatía. Los preparados homeopáticos —no confundir con fitoterapia y otras medicinas alternativas— se preparan diluyendo sucesivas veces ciertos principios que producen efectos parecidos a la enfermedad que quieren tratar. Parten de la base de que «similar cura lo similar», que formuló a finales del siglo XVIII su fundador, Samuel Hahnemann. No parece mala idea, pues nos recuerda que muchas vacunas se fabrican con microbios atenuados o debilitados para que no produzcan la enfermedad. El problema, y lo que lo conecta con nuestro tema, es la concentración, lo que en círculos homeopáticos se vincula con su «potencia», aunque en relación inversa: a mayor dilución, más potente se dice que será el preparado. Se utiliza una escala centesimal, la escala C, un preparado 1C contendrá una parte de principio, digamos una gota, en 100 partes —gotas— de agua. Un preparado 2C se hará tomando una parte de preparado 1C y mezclándolo con 100 partes de agua pura. Hahnemann recomendaba preparados 30C, que por ser treinta veces 1 a 100 contendrán una parte de principio activo entre 10^{60} de preparado —menos en realidad, porque luego esa agua se utiliza para rociar las bolitas de azúcar o lactosa en las que se suele administrar este producto—. Preparados como el famoso (y caro) «antigripal» Oscillococcinum tienen diluciones supuestas de hígado y corazón de pato 200C, pero no te preocupes, que en la pastilla que te tomes no hay nada de ningún pato..., bueno, no más que en el aire que estás respirando en este momento. Me explico: si está preparado siguiendo los principios homeopáticos debería contener una parte de pato por 10^{400} de agua. Y pensabas que un gúgol era mucho. El universo observable contiene aproximadamente 10^{80} átomos, o sea, una parte de pato en 10^{320} universos como el nuestro, y que tú vayas a encontrártela... Reconócelo, es muy improbable. Y todo hablando de matemáticas, sin entrar en que nadie ha podido volver a ver nada semejante al virus de la gripe ni en el hígado ni en el corazón de ningún pato.

Hablamos de universos observables, y la verdad es que es muy difícil imaginar la verdadera magnitud del nuestro. Se estima que hay entre 1 y 2 billones de galaxias, en las que habría cuatrillones de estrellas. Teniendo en cuenta que la mayor parte de ellas no tendrán ningún planeta rocoso orbitando alrededor, y que las que los tengan es muy probable que no estén en regiones habitables —y que orbiten demasiado cerca (como ocurre en el Sistema Solar con Mercurio, que está demasiado caliente) o demasiado lejos (como el lejano y helado Plutón) y no puedan albergar vida—, hay suficiente cantidad de estrellas para que haya millones que tengan algún planeta rocoso en región habitable. ¿Cuántos de estos planetas albergan o habrán albergado vida? Divide entre las muchísimas que no son inteligentes, y entre las inteligentes saca las que no saben emitir señales. De las que emiten señales habrá que restar las que solo emiten señales de telebasura —es broma—. Lo más crítico serán todas esas civilizaciones que puede que hayan existido, pero que no hayan coincidido con nosotros; ya sabes: «Hace mucho tiempo en una galaxia muy lejana…». Estas cuentas que estamos echando aquí *grosso modo*, bien formuladas reciben el nombre de ecuación de Drake, por el astrónomo y director del programa de búsqueda de inteligencia extraterrestre (SETI) Frank Drake. Este determinó en 1961 la solución a su ecuación: diez civilizaciones ahí afuera esperando a que las descubriéramos. Drake era parte interesada y actualmente se ha multiplicado por varios órdenes el número de galaxias conocidas, pero puede que nunca conozcamos a nuestros vecinos; nuestra vida es tan corta… Bueno, no desesperemos, también es posible que los conociéramos y que no fueran tan interesantes. O que quisieran aniquilarnos. Con lo bien que nos aniquilamos nosotros solos…

Las matemáticas nos dan argumentos para pensar que no estamos solos en el universo; también nos podrían valer para comunicarnos con ellos. Cuando el cosmólogo Carl Sagan estaba recopilando los distintos mensajes que viajarían en un disco de oro a bordo de las sondas Voyager de forma indefinida, tuvo claro que las matemáticas tenían que estar ahí: «Podemos imaginar un planeta con hexafluoruro de uranio en la atmósfera o una forma de vida cuyo medio sea el polvo interestelar, aunque sean acontecimientos extremadamente improbables. Lo que no podemos imaginar es una civilización en la que 1 más 1 no sean 2, o haya un número natural entre el 8 y el 9». De ahí que incluyera diversos patrones de números y secuencias en el «mensaje en una botella» que lanzamos al universo en 1977, que se aproximará a las estrellas más cercanas a la Tierra en unos cuarenta mil años.

Sin pretender ir tan lejos, las matemáticas nos pueden ayudar a entender este mundo, como ocurre con el concepto de fractal. Surge en los años setenta de la mano del matemático Benoît Mandelbrot. Aunque con otros nombres, los fractales, de una forma o de otra, ya se conocían.

Cuando observamos una hoja de helecho percibimos su simetría y su ritmo, la repetición que parece no terminar nunca y cómo van alternándose los tallos. Puede que también veamos algo más: si nos concentramos en casi cualquier parte pequeña de ella observamos que se parece al conjunto. Su forma se repite a distintas escalas; la curvatura del tallo se replica en los tallos laterales y parece volver a replicarse en los bordes serrados de las hojas. Esto le ocurre a la forma casi plana de la hoja de helecho, pero también a objetos tridimensionales como la coliflor y de forma mucho más perceptible a su familiar el romanesco.

Llamamos a esa repetición autosemejanza (que la parte emule al conjunto) y es una de las características del concepto matemático de fractal. Este explica gran cantidad de situaciones que se ven influidas por la escala a la que se las mira. ¿Sabrías decir cuánto mide la costa de un país? Salvo que sea tremendamente rectilínea —algo improbable— dependerá del nivel de detalle con el que se la mida. Me explico: si a la hora de medir enderezamos sus golfos y cabos y tomamos líneas rectas, nos saldrá una medida mucho menor que si la medimos trazando cada bahía. Otra forma de ver la distinta medida en función de la escala la podremos observar si medimos nuestro paseo a paso de persona, al de una mascota o al de una hormiga: es seguro que por mucho que esta tratase de enderezar tendría que tomar muchas más curvas que el humano o que un gato con botas de las siete leguas.

Más allá de la autosemejanza, hay otra condición que no se suele nombrar a la hora de hablar de fractales y es que su dimensión se encuentra a medio camino entre dos dimensiones. Decíamos antes que el helecho era plano, y no es del todo cierto, pues pocos objetos a nuestro alrededor serán totalmente planos. Para serlos tendrían que poderse describir solo por el largo y el ancho. Sin embargo, por finos que sean, algo abultarán; si no, serían imperceptibles. En todo caso podemos pensar en la hoja del helecho como fundamentalmente plana y en la coliflor como tridimensional. No nos referimos a eso cuando hablamos de dimensiones intermedias. Para poder entenderlo tenemos que ir a un modelo matemático, como el triángulo de Sierpinski. Para construirlo, vamos a partir de un triángulo plano, con su relleno, no solo los lados. Marcamos en estos sus puntos medios. A continuación, unimos esos puntos, recortamos el triángulo que hemos formado y lo retiramos de nuestra figura. Llamaremos a este primer paso primera iteración. Está claro que le hemos retirado al triángulo una cuarta parte, ¿verdad? Procedamos a hacer lo mismo en una segunda iteración sobre cada uno de los tres triángulos que componen nuestra figura, retirándoles a cada uno una cuarta parte de su área. Si continuamos —indefinidamente— este proceso, construiremos un objeto fractal conocido como triángulo de Sierpinski.

   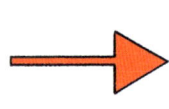 

Este «triángulo» tiene tanto espacio vacío en su interior que ya no es una figura plana, pero, por muchos huecos que tenga, sigue estando formado por triángulos (arbitrariamente pequeños) y no podríamos dibujarlo como una curva; esto es algo que sí le ocurre a otro obsesivo objeto que describió este mismo matemático polaco y que recibe el original nombre de «curva de Sierpinski». Si vamos amontonando iteraciones de esta curva cerrada dentro de un cuadrado de lado 1, conseguiremos una curva que completa todo el cuadrado. Una curva que tiene dimensión dos. Largo y ancho. Esto quiere decir que antes (o después) pasaremos por cualquier punto de este cuadrado siguiendo una curva. Reconócelo: no es lo que esperabas de una curva. Tampoco esperas encontrártela en una carretera. De ser así no la terminarías de recorrer nunca.

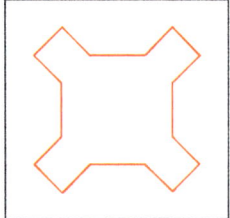 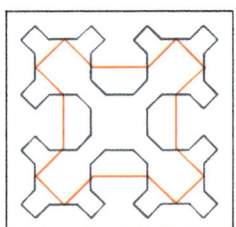 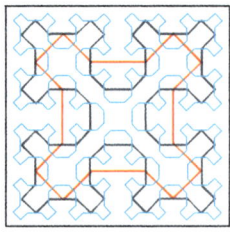

También podemos encontrarnos un infinito a partir de un cuadrado o un triángulo. Vemos que el infinito se encuentra donde menos te lo esperas, y no solo en lo muy grande ni en lo muy pequeño. No me gustaría terminar este libro sin hacer una referencia al signo mismo del infinito (∞) y a un objeto matemático que a menudo se confunde con él. El 8 tumbado que utilizamos para designar el infinito se representó por primera vez en el libro *Arithmetica infinitorum* del matemático inglés John Wallis en 1656. No se sabe por qué lo utilizó. Hay distintas hipótesis, algunas más esotéricas, como que se trata de la representación de una serpiente uróboros (que se come su cola), presente en la mitología griega, pero también en mitologías nórdicas, importantísima en la alquimia, como representación de todo ciclo que no se acaba nunca, sino que solo se transforma. Como el Sol, que sale cada mañana, o como Sísifo, que no deja de empujar su piedra.

Muchos piensan que el signo del infinito guarda relación con un curioso objeto matemático que, sin embargo, fue descubierto doscientos años después: la cinta o banda de Möbius o Moebius. Esta debe su nombre a un matemático alemán, August Ferdinand Möbius, que la describió en 1858, a la vez que su paisano Johann Benedict Listing. Yo siempre he pensado que se llama como el primero por esa sugerente diéresis que le da un toque nórdico, muy IKEA. La cinta de Moebius (y de Listing) se puede construir a partir de un rectángulo largo de papel, en el que peguemos sus lados cortos con un giro de 180 grados; esto es, pegando A con A y B con B:

El objeto que así resulta tiene varias propiedades muy curiosas. La primera es que solo tiene una cara. Si lo recorres con un rotulador a lo largo, para cuando llegues al punto por el que empezaste, habrás visitado toda su longitud. La segunda es que solo tiene un borde, y para ver esto te propongo una visita a su «borde superior», como en el caso anterior. La tercera es más difícil de visualizar y tremendamente sorprendente. Si fueras un habitante de la cinta, pero no una hormiga que vive sobre ella, no, un ser de dos dimensiones que se moviera a lo largo y ancho de ella (vista como objeto de dos dimensiones), confundirías tu izquierda con tu derecha. ¿Cómo? Vamos a demostrarlo. Toma una cinta de Moebius

(y Listing) hecha con papel suficientemente fino para que al pintar con un rotulador gordo se marquen las «dos caras», así solo tendremos una. Esta simplificación es necesaria: si tuvieras dos dimensiones y tu mundo también y las identificamos con largo y ancho, no habría arriba ni abajo. Coloca una flecha que apunte hacia un lado, hacia tu derecha, por ejemplo, e imagina que sales a andar a lo largo de tu cinta mirando a tu derecha todo el rato; puedes ayudarte haciendo alguna flecha más adelante. Cuando llegues al punto original tu flecha apuntará a la izquierda, señal de que, como habitante de esa región plana, confundes derecha con izquierda. La cinta de Moebius (y de Listing) no es orientable.

Este curioso objeto tridimensional, tal vez por su parecido con el infinito, o por ser cerrado y no terminar nunca, ha inspirado a diseñadores de todo el mundo, siendo su representación más repetida el símbolo que utilizamos para el reciclaje.

Nótese que ∞ solo es un símbolo, un signo que, aunque podamos vincularlo con el infinito, no tiene por qué parecerse. Tampoco el símbolo del 2 se parece en nada al número 2.

Mucho antes de que Moebius (y Listing) describiesen sus cintas, a finales del siglo XVII, Jakob Bernoulli dio una descripción de la curva que Wallis utilizaba para el infinito y la llamó lemniscata (del latín *lemniscus*, «cinta colgante»). Si acudes a cualquier calculadora gráfica *online* (te recomiendo desmos.com/calculator) y tecleas su ecuación*, podrás verla, aunque ya te imaginas su forma.

$$(x^2+y^2)^2 = 2a^2\,(x^2-y^2)$$

Esto quiere decir que los puntos (x, y) del plano que cumplen esa relación, como el (0,0), describen esa bonita curva. En todo caso y toda vez que ya has abierto la web que te permite dibujar curvas dadas sus ecuaciones implícitas, te voy a dar mi favorita; para que veas su forma y sepas por qué me gusta tanto, te lo dejo como ejercicio:

$$(x^2+y^2-1)^3 = 2x^2\,y^3$$

*

Te recuerdo que para introducir exponentes tendrás que utilizar el circunflejo; y puedes ahorrarte teclear el coeficiente y parámetro del segundo término: (x^2+y^2)^2=x^2-y^2.

Ejercicios

1 ❖ Hay infinitos números primos, pero no consideramos 1 como uno de ellos. ¿Qué pasaría si lo fuera?

2 ❖ Demuestra que $a^n \times a^m = a^{(n+m)}$.

3 ❖ Demuestra que los números decimales que hay entre 0 y 1 son más que todos los números naturales. (Y por tanto también más que los pares, los impares, los primos, los enteros, los racionales e incluso la unión de todos estos).

4 ❖ Una araña está tejiendo sobre la boca de un antiguo pozo, y cada día dobla la superficie que tiene tejida. En 30 días consigue cubrir toda la ventana. ¿Qué día alcanzó a cubrir la mitad de la superficie del pozo? ¿Cuántos días habrían necesitado dos arañas?

5 ❖ Según la leyenda del ajedrez, si se hubiera completado el tablero, ¿cuántos granos de arroz habría en total?

EL LOGARITMO DEL PRODUCTO

EPÍLOGO

Tengo un libro en casa de más de trescientas páginas repleto de tablas de logaritmos. Hace unos años era imprescindible para los estudiantes superiores de ciencias o ingenierías. Ahora es una reliquia. ¿Qué ha pasado? Empezaré por responder a: ¿qué es un logaritmo?

Calcular un logaritmo es preguntarse por el exponente al que habría que elevar 10 para que nos diera el número al que se le quiere calcular el logaritmo. Veamos un ejemplo: 10 al cuadrado (10^2, diez elevado a dos) es 100, el logaritmo de 100 es dos. El logaritmo de 1000 es 3, porque $1000=10^3$ y el de 0,1 es -1, porque $10^{-1}=\frac{1}{10}=0,1$. ¿Y si no es potencia de 10?, ¿a qué número hay que elevar 10 para que dé —digamos— 21? Pues como $10^1=10$ y $10^2=100$, será un número entre 1 y 2. Se escribirá $log_{10}21$ o directamente $log21$. Si lo miras en la calculadora te dirá que efectivamente vale aproximadamente 1,3222. Prueba a elevar 10 a 1,3222, ¿a que da casi 21? Te lo dije. No hay logaritmos de números negativos porque no hay manera de que 10 elevado a algo dé negativo, y, aunque no haya dicho nada de esto hasta ahora, se puede tomar como exponente cualquier número: positivo, negativo, racional o incluso irracional.

En todo el párrafo anterior he utilizado para mis ejemplos la base 10; es un caso particular de logaritmos, el decimal. Hay logaritmos para todas las bases positivas y el más usual es el que utiliza un número irracional que está en el olimpo de los números importantes en matemáticas, el número $e=2,71828\ldots$ El logaritmo en base e recibe el nombre de neperiano, en homenaje al matemático escocés John Napier que fue el que los introdujo, a principios del siglo XVII, aunque el que los pulió y definió con corrección fue nuestro amigo Leonhard Euler, un siglo después. A ver si adivinas por qué el número e se llama así. Exacto, es la inicial de nuestro héroe.

Hemos visto en este libro que la resta se puede entender como la inversa de la suma —¿qué número hay que sumarle a este para que dé aquel?—, y que la división se puede leer como inversa de la multiplicación —¿por cuánto hay que multiplicar 0,5 para que dé 17?—. El logaritmo es la operación inversa de la exponenciación (potencia). Y, en general, el logaritmo en una base b de un número A, $log_b A$, es el número al que hay que elevar b para que dé A: $b^{log_b A} = A$. Repite conmigo: b elevado al logaritmo en base b de A es A. Piénsalo y apréndelo hasta que puedas explicarlo, si lo ves interesante, pero no de memoria, por favor. Esto es lo que se llama la definición del logaritmo, qué es un logaritmo.

Por simplificar, vamos a quedarnos con la base 10, lo que llamamos generalmente logaritmo decimal, o solo logaritmo *(log)*. El logaritmo —decimal— de un producto es el número al que hay que elevar 10 para que dé ese producto. Si conocemos los números que queremos multiplicar, los factores del producto, los multiplicamos y calculamos ese logaritmo. Imagina que queremos calcular el logaritmo de 20×50, $log(20\times50)=3$ porque 10 elevado a 3 da 1000, que es justamente 20×50. (Si piensas que me he puesto un ejemplo fácil no te falta razón; cuando escribas tú un libro te pones los ejemplos difíciles, si quieres). Nadie utilizará una fórmula que descomponga ese producto en otra cosa, se calcula y listo, y a ser posible con la maquinita. Si nos preguntan por el logaritmo de un producto será porque no se puede o no se quiere realizar ese producto. Vamos a imaginar que quieres saber $log(A\times B)$ y que A y B son dos cantidades de las que puedes conocer sus logaritmos: $a=logA$ y $b=logB$. Aplica la definición del párrafo anterior. Estamos diciendo que $10^a=A$ y que $10^b=B$, ¿qué le ocurre a A×B? Pues que es justamente $10^a\times10^b$ y como vimos en el capítulo anterior 10^a es una multiplicación de 10 por 10 tantas veces °

como indique *a*; si después de multiplicar 10 por sí mismo las veces que diga *a* lo multiplicamos por 10 las veces que diga *b* es seguro que habremos multiplicado 10 por 10 tantas veces como digan *a+b* y tendremos 10^{a+b}. Así:

$$log(A \times B) = logA + logB$$

En general, el número al que tendremos que elevar una base, la que sea, para que dé un producto es la suma de los números a los que tenemos que elevar esa base para que den los factores. Esto tiene una utilidad clara: convertir productos simbólicos o difíciles de realizar en sumas. La aplicación que se le daba a esta fórmula hace años era la siguiente: las sumas son muchísimo menos costosas de realizar a mano que los productos; si tengo que multiplicar dos números, calculo el logaritmo de cada uno de ellos (esto es, los busco en una tabla), los sumo, y ya tengo el logaritmo del producto; deshago este logaritmo (buscando en otra tabla, la de «antilogaritmos») y ya tengo el producto que buscaba. Esto era absolutamente necesario cuando multiplicar dos números con muchas cifras era una tarea titánica. Era un trabajo que solía subcontratarse, en películas como *Figuras ocultas* * se observa como un ejército de mujeres («computadoras») realizaban los voluminosos cálculos necesarios para la carrera espacial. Hoy por fortuna en el mundo real hemos delegado en las calculadoras las operaciones que consideramos verdaderamente tediosas. Las calculadoras electrónicas, reencarnadas en portátiles, móviles y *tablets*, nos dan la oportunidad de quitarle drama a los cálculos más aburridos y si las usamos convenientemente podremos centrarnos en generar pensamiento.

Conviene distinguir, en el párrafo anterior, lo que es el logaritmo de lo que es la receta —el procedimiento— de cálculo; si hay que aprender a hacer alguno, que sea lo primero, y que lo segundo sea su aplicación. No podemos seguir mandando a nuestros hijos a las escuelas para que implementen en sus cerebros un recetario de procedimientos sin sentido ni conexión con nada.

Aproveché mi última visita a Girona —además de para ver a mi maestra— para ir a un estudio de tatuaje de una amiga y escribirme en la piel la fórmula del logaritmo del producto en el antebrazo, indeleble, muy cerca de donde estuvo escrita furtivamente con bolígrafo. Ya no necesito que me la recuerden, pero ella y yo hemos hecho un camino muy largo —el suyo más— y quiero que

*

Hidden Figures (de Theodore Melfi, 2016) narra la historia de tres científicas afroamericanas en la época de la carrera espacial.

sigamos juntos. Muchos me han preguntado por qué me he tatuado una fórmula que ya me sé; la respuesta es porque estoy aquí en parte por su culpa. Si no hubiera copiado aquel día, no habría sentido la frustración de no conseguir entender algo en la escuela. Tampoco habría podido experimentar la satisfacción de entenderla algún tiempo después, ni el placer de ver que alguien a quien se la acabo de explicar atisba la magia y la potencia de una construcción abstracta capaz de transformar multiplicaciones en sumas y viceversa. Así que, lo reconozco, la he escrito en mi brazo para que me lo pregunten, porque me parece la mejor metáfora de algo que se aprende de memoria y se exige recitar con prontitud y sin sentido. Aunque, por desgracia, no es la única vez que eso ocurre en el proceso de enseñanza de las matemáticas. Si algún día me toca volver a dar el logaritmo del producto, prometo que la pregunta del examen será: «Lee esta fórmula, explica lo que significan cada uno de sus términos y da ejemplos de cómo puede utilizarse». Apunta esta pregunta, porque entra fijo en el examen.

Las matemáticas son una oportunidad para desarrollar el intelecto, resolver problemas, encontrar patrones y descubrir errores, no una tortura en la que se premia al más hábil o al que más memoria tiene y se castiga al torpe. Los profesores de matemáticas seguimos pidiendo de memoria aquellas reglas que a mí, por más vueltas que le daba, no me entraban en la cabeza. De algo me ha valido; tratar de expiar esa culpa me ha servido para tener claro que quiero que las matemáticas sean un medio para ser mejores pensando, resolviendo problemas y comprendiendo el mundo que nos rodea, y no para memorizar recetas ni hacer pesadísimos cálculos.

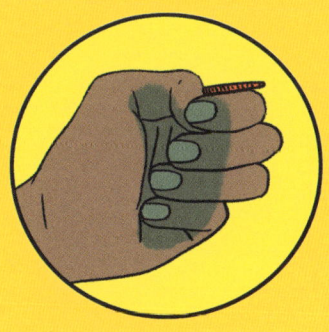

SOLUCIONES

1⁂ Si uno se coloca en la perspectiva de la mosca, tiene que realizar una serie de cálculos para los que le faltan datos, ya que la mosca gira cuando encuentra el tren que viene de Cádiz y que en ese momento habrá recorrido una distancia que es imposible calcular; lo mismo le vuelve a ocurrir cuando se encuentra con el tren de Madrid, en un punto imposible de determinar... Todo parece conducir a nuestra mosca a un callejón sin salida y a nosotros con ella. Pero si cambiamos el punto de vista, el sistema de referencia, todo cambia. Imagina que estamos parados en el punto en el que se encuentran los trenes, que es el mismo del otro problema; vemos pasar varias veces a una mosca que vuela a gran velocidad y que tras volar durante 2 horas y 14 minutos (134 minutos) a 300 km/h está exhausta. Y ya tenemos todos los datos que necesitamos. Si viajas a 300 km/h, en cada minuto eres capaz de recorrer 5 kilómetros; si has volado 134 minutos a 5 kilómetros por minuto, habrás recorrido 5 por 134 = 670 kilómetros, mucho para una mosca normal, casi nada para Supermosca.

2 ✛ Hay muchas formas de plantearlo. Si recuerdas cómo lo hacíamos en el instituto, no estarás leyendo estas soluciones. Lo primero es fijar un sistema de referencia. Podemos centrar el problema en Madrid o en Murcia; se me ocurre que como nos preguntan a qué distancia de Murcia se cruzan, contemos los kilómetros desde allí; podemos también empezar a contar el tiempo en el momento en que arranca el segundo tren. En ese momento el primero habrá recorrido 240 kilómetros; estará, por tanto, a 160 kilómetros de llegar a su destino. Si este tren no para, la expresión $e=160-120\times t$ nos da la distancia a la que está de Murcia, con tal de sustituir t por el tiempo en horas que trascurre desde que sale el segundo tren. Para este segundo tren hay una segunda expresión que describe su posición, $e=120\times t$, ya que habrá recorrido 0 kilómetros en el primer momento, 120 cuando $t=1$, 240 si $t=2$, etc. Nótese que son dos e distintas, en principio. Claro que lo que nos preguntan es precisamente por el momento en que se encuentran, y lo que ocurre en ese momento es que tienen la misma e, o sea, que lo que tiene que ocurrir es que $160-120\times t$ sea igual a $120\times t$. Eso se resuelve planteando una ecuación $160-120\times t=120\times t$. El método decía que había que pasar las incógnitas a un lado de la igualdad, dejando los números en el otro lado —también que lo que estuviera en un lado con un signo, ($-120\times t$) pasara al otro miembro con el contrario—. Esto nos deja $160=240\times t$. Piénsalo, tiene toda la lógica del mundo: dos trenes están a 160 kilómetros de distancia y se acercan a 120 kilómetros por hora cada uno; se trata de saber cuánto tiempo se tarda en recorrer 160 kilómetros a 240 kilómetros por hora, algo que ocurre en 40 minutos, algo que coincide con despejar la ecuación que resultaba $t=\frac{160}{240}=\frac{2}{3}$ y dos tercios de hora son 40 minutos. Remataremos nuestro problema viendo que nos preguntan por el punto en que eso ocurre, dos tercios de hora a 120 kilómetros la hora nos dan para recorrer 80 kilómetros. Podemos suponer que los trenes se cruzan a 80 kilómetros de Murcia, más o menos, en el apeadero de Calasparra, lugar en el que todos los murcianos (#soterramientoya) hemos esperado a veces quince minutos o más a que el tren de Madrid llegue en la vida real, espero que no por mucho tiempo.

3 ⁂ El grafo de Kaliningrado es algo así:

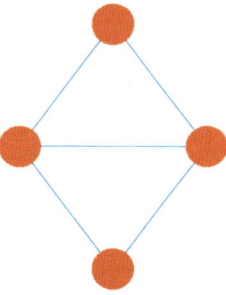

Observa que hay dos vértices, dos nodos con característica impar (de los que salen tres puentes); según lo visto en el capítulo, esos van a ser los puntos de salida y de llegada. Sabiendo eso, es mucho más sencillo seguir. Imagina que salimos del que está en la izquierda:

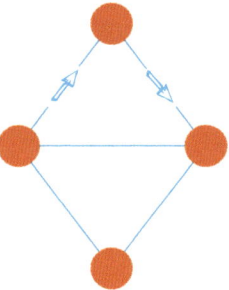

Ya habremos entrado y salido en la parte continental norte; si decidimos ir ahora a la sur:

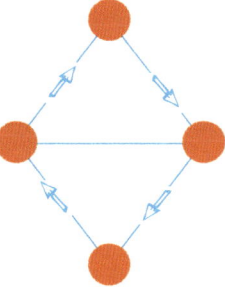

Solo nos quedará desplazarnos hacia el este por el puente que nos falta para hacer un recorrido abierto. Y no, no habrá ninguna manera de hacer un ciclo cerrado, un camino que vuelva al punto original, pues nos sobran, o nos faltan, puentes.

1 ⁘ En un mundo en el que todos tuviéramos 8 dedos y en el que hubiésemos acabado contando en base 8 es muy poco probable que utilizáramos un símbolo para el 9, sino que seguramente haríamos como hacemos en base 10 con el 11, «una decena completa y uno más». Cuesta un poco más darse cuenta, pero con el 10 ocurre lo mismo: el 1 denota dos manos completas y el 0 viene a decir «y ningún dedo más». Posiblemente no habría símbolo tampoco para el 8, que se podría escribir 10.

Siendo así 16 son dos ochos y ningún dedo más, y se escribe 20 en base 8. En matemáticas lo escribimos así:

$$20_{(8}$$

Y no lo leemos «veinte», sino «dos cero» en base 8. El número 40 son 5 grupos de 8, por lo que se escribe:

$$50_{(8}$$

Para escribir números mayores, como 256, tenemos que hacer la misma operación, hacer grupos de 8, dividir entre 8: 256 entre 8 es 32. O sea, 32 grupos de 8 y no sobra ningún dedo. Así que la cifra de las unidades está clara, 0, pero no ocurre lo mismo con la cifra de los grupos de 8, porque 32 no se escribe 32 en base 8 (sino en base 10), por lo que tendremos que preguntarnos por cuántos grupos de 8 (de grupos de 8) hacemos con 32 grupos de 8. O sea, dividir 32 entre 8. Como da 4, y resto 0, esto indica que la cifra de los grupos de 8 es 0 también, mientras que la de los grupos de grupos es 4:

$$256_{(10}=400_{(8}$$

Cuatro grupos de grupos de 8 y nada más, cuatro veces 64 es 256.

2 ⁘ En base 2 se escribe solo con las cifras 0 y 1, un número como el 10101 escrito en base 2 se interpreta como:

$$1 \times 2^4 + 0 \times 2^3 + 1 \times 2^2 + 0 \times 2^1 + 1 \times 2^0 = 16 + 4 + 1 = 21$$

Teniendo en cuenta que como en 10101 —debería escribir $10101_{(2}$— los unos leídos de derecha a izquierda significan presencia de una potencia de 2 desde 2 a la 0 y los ceros ausencia de esa potencia: cualquiera de los quince siguientes números a 16 resultarán de añadir a $16_{(10} = 10000_{(2}$ los números que figuraban en la tabla anterior:

1	1	5	101	9	1001	13	1101
2	10	6	110	10	1010	14	1110
3	11	7	111	11	1011	15	1111
4	100	8	1000	12	1100	16	10000
17	10001	21	10101	25	11001	29	11101
18	10010	22	10110	26	11010	30	11110
19	10011	23	10111	27	11011	31	11111
20	10100	24	11000	28	11100	32	100000

Y si bien en esta lista hay varios números capicúas en base 2 no hay ninguno que lo sea en base 2 y 10 a la vez (más allá de los que tienen una única cifra, como el 1, que es un capicúa *trivial*). Pero nos hemos quedado cerca, el 33, que se lee igual empezando por la cabeza (*cap* en catalán) y por la cola (*cúa*, en el mismo idioma), lo es también en binario.

El sistema binario es tan importante porque es sencillo identificar con los dos estados en los que puede estar un interruptor: cerrado, 0, no hay corriente; abierto, 1, sí que la hay. Sirve como base para poder modelizar cualquier número en forma de transistores y chips. Y quien dice número dice frase, o mensaje digital. A modo de observación, en el mundo binario «uno más uno» no es necesariamente dos. Podría ser 0 (abro el interruptor y lo vuelvo a cerrar) o entenderse como 10, si tengo un sistema con más capacidad de memoria.

Para terminar, hay una aplicación bastante curiosa de esta propiedad del 33, y es que si representamos un 1 como una vela encendida y un 0 como una vela apagada podremos soplar las velas de un hipotético trigésimo tercer cumpleaños (¡quién los pillara!) con solo seis velas, una encendida al principio y otra al final, consiguiendo que en la foto de recuerdo de nuestro cumpleaños salga el número al derecho en todo caso.

3⁑ Ya hemos dicho en el capítulo que los romanos no operaban con números romanos, pero vamos a hacer esa abstracción.

* XX + XVI. Para sumar estas dos cantidades, basta con juntar todos los símbolos, ni siquiera es necesario reorganizarlos (para algo he puesto yo la suma), resulta XXXVI.
* LXVII – XXI. Para realizar esta resta (con llevadas) no hay más remedio que cambiar una L por las cinco X que vale: XXXXXXVII – XXI resultará XXXXVI, y resulta que eso no se escribe así, sino XLVI. Pero esa es otra historia.
* DXCV + MVI. Hay que tener cuidado con esta suma, porque en el minuendo hay una X restando, el resto de símbolos suma D X C V + M V I = M D X C V V I, y como dos uves juntas hacen una X la suma anterior resulta M D XC X I y eso se acaba escribiendo MDCI.
* MCM + CXXXI. Como en el caso anterior hay una C restando y otra sumando. Si las cancelamos: MMXXXI, y arreglado.

4⁑ II, IV, VI, XX, XL, LX, XC, CX, CL, CC, CD, DX, DL, DC, CM.

Son quince las soluciones, porque no se puede escribir XD o XM. La escritura de números romanos es un convenio, un consenso, y resulta que no se pueden «restar» símbolos que no sean I, X, o C, y nunca a ninguno que esté más de dos pasos a la derecha del que se resta en la serie de símbolos (I, V, X, L, C, D, M). En todo caso es un ejemplo de tarea rica, de práctica productiva, ya que mientras que se hace se reflexiona sobre la escritura de números romanos, más que cuando se hacen otros ejercicios de carácter repetitivo. Esta actividad la aprendí en el magnífico blog Puntmat, de mis amigos David Barba y Cecilia Calvo.

5⁑ Si se trata de saber cuántas parejas habrá al cabo de un año, lo que hay que hacer es seguir la serie, en la que cada nuevo término es la suma de los dos anteriores, y ver cuánto vale el que ocupa la posición duodécima: 1, 1, 2, 3, 5, 8, 13, 21, 34, 55, 89 y ¡144 parejas! 288 conejitos, todos hijos de una pareja de hermanos… En fin, no digo más, que puede haber niños leyendo. Todo es un poco… consanguíneo.

6 ⊹ Solo tienes que girar el libro 180 grados.

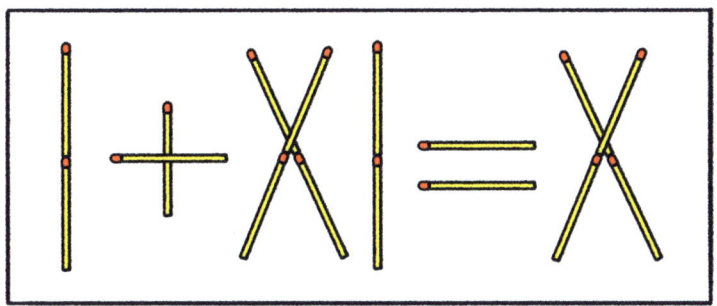

Aprovecho para recordar la importancia de que el signo igual esté tanto a la izquierda como a la derecha de las operaciones, para que signifique exactamente lo que denota, igualdad, equilibrio entre ambos miembros. Diez vale lo mismo que 9 más 1. Si el signo igual figura siempre a la derecha de la operación acabaremos pensando que tiene un significado de «consecuencia», como si dijera «opera 9 + 1 y mira lo que da».

Capítulo 3

1 ⊹

* Los 50 primeros múltiplos de 5 son: 5, 10, 15... 240, 245, 250; si procedemos igual que con las regletas encontramos 25 parejas que suman 255:

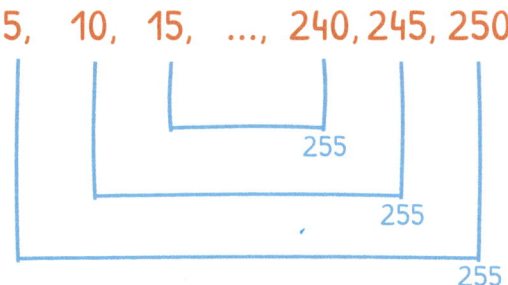

* La fórmula visual no parece cuadrar cuando hay un número impar de términos en la suma, tampoco el esquema que acabamos de realizar.

Ejemplo: suma de los primeros 9 naturales:

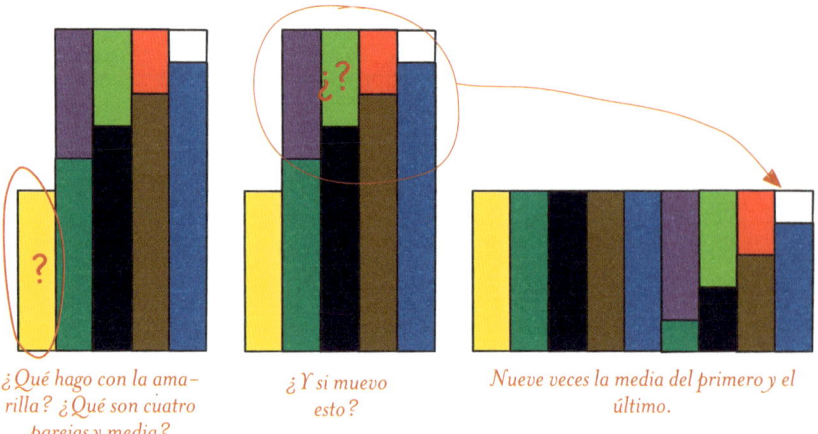

¿Qué hago con la ama-
rilla? ¿Qué son cuatro
parejas y media?

¿Y si muevo
esto?

Nueve veces la media del primero y el
último.

Gracias a las regletas virtuales ninguna barrita de madera ha resultado dañada para realizar la anterior imagen.

Lo que hemos hecho gráficamente es reinterpretar la fórmula:

$$(a_1 + a_n) \times \frac{n}{2} = \frac{(a_1 + a_n) \times n}{2} = \frac{(a_1 + a_n)}{2} \times n$$

Esto es, el 2 que estaba dividiendo a la n (calculando el número
de parejas) divide el otro factor de la multiplicación (generando
la media aritmética del primero y el último). Lo veremos en el capítulo de la división, pero haz la prueba, se puede.

Al darle esta vuelta a la fórmula e independientemente de que
tengamos un número par o impar de términos, en vez de decir que
tenemos n/2 parejas, tendremos n medias aritméticas, todas iguales.

2 ⁙ Resta como me la aprendí yo:

```
  1911          1911          1911
-   44        -   44        -   44
-------       -------       -------
     7            67          1867
```

*Planteo la resta en vertical,
tomo el segundo 4 del sustraendo (unidades) «de 4
a 11 van 7 y me llevo una».*

*«Cuatro y una que me
llevo, 5 a 11, 6 y me
llevo una».*

*«Nueve menos una que
me llevaba, 8; bajo el
uno».*
He terminado: 1867.

Resta «preparada»:

$$1911$$
$$-\quad\quad 44$$

$$1\cancel{9}\overset{1\,1\,1}{\cancel{1}\cancel{1}\cancel{1}}$$
$$-\quad\quad 44$$

$$1\cancel{9}\overset{1\,1\,1}{\cancel{1}\cancel{1}\cancel{1}}$$
$$-\quad\quad 44$$
$$\overline{1867}$$

Planteo la resta en vertical, y veo que no tengo suficientes decenas ni unidades.

Convierto una centena en 10 decenas, y así por un momento tengo 11 decenas, una de las cuales se desagrupa en 10 unidades. El 1911 se viste de «1800 y 111».

Resto. Resulta 1867.

Resta tipo ABN:

	1911	44

En una tabla coloco el minuendo en una columna, el sustraendo en la otra, y dejo la primera columna para las restas parciales.

	1911	44
11	1900	33

Como el minuendo tiene 11 unidades empiezo quitándoselas, tengo pendientes de restar todavía 33 (podría haberlo hecho de cualquier otra forma).

	1911	44
11	1900	33
30	1870	3

Resto las 3 decenas, y me quedan por restar 3 unidades.

	1911	44
11	1900	33
30	1870	3
3	1867	0

Ya los he restado todos. El resultado sigue siendo 1867.

Finalmente, sobre una recta numérica nuestra solución queda más o menos así:

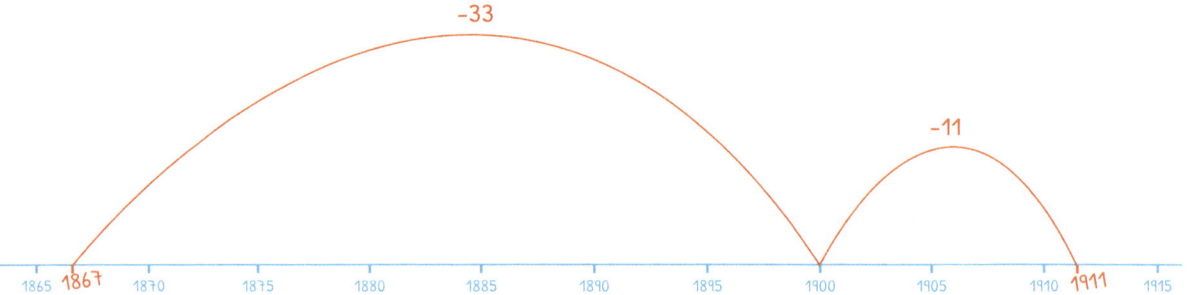

-33

-11

1865 **1867** 1870 1875 1880 1885 1890 1895 1900 1905 1910 **1911** 1915

3 ⁂

Es un rectángulo de 10 de ancho y 11 de alto, tiene, por tanto, 110 unidades de área, de valor total.

El área señalada es medio rectángulo; mide, por tanto, 55 unidades.

En rojo, una de las copias de los impares, simétricamente se encuentra otra. Las otras dos pirámides son los pares.

4 ⁂

* Para formar un número triangular a partir del anterior solo hay que añadir el número de la posición que este ocupa, esto es, si $a_1 = 1$ el primer número triangular, $a_2 = 3$ es $a_1 + 2$, lo mismo ocurre para $a_3 = a_2 + 3$, en general $a_n = a_{(n-1)} + n$. No hace falta utilizar esto para decir que los siguientes números triangulares son $a_6 = 21$ y $a_7 = 28$ (que es además un número hexagonal).

* Hemos definido el término que ocupa la posición n (enésimo) a partir del anterior. Cuando esto sucede se habla de recurrencia. Gracias al ejercicio 1 podemos dar una fórmula no recurrente del término enésimo, esto es, que podemos decir cuánto vale un término sin necesidad de saber cuánto valen los anteriores:

$$a_n = 1 + 2 + \dots n = (n+1) \times \frac{n}{2} = \frac{(n+1) \times n}{2}$$

$$a_{62} = \frac{(62+1) \times 62}{2} = \frac{63 \times 62}{2} = 1953$$

* Podemos comprobar que 1+3=4, 3+6=9, 6+10=16, son todos cuadrados. Pero ¡ojo! Esto no nos garantiza que los siguientes vayan a seguir siéndolo. Te recuerdo que en matemáticas estas afirmaciones se demuestran. Vamos a ver dos demostraciones, una con letras y otra con regletas Cuisenaire; quédate con la que más te guste. Hemos dicho que:

$$a_n = \frac{(n+1) \times n}{2} = \frac{n^2 + n}{2}$$

Donde solo hemos desarrollado el paréntesis aplicando la propiedad distributiva de la multiplicación.

El anterior número triangular sería:

$$a_{n-1} = \frac{(n+1-1) \times (n-1)}{2} = \frac{n \times (n-1)}{2} = \frac{n^2 - n}{2}$$

Que sumados dan:

$$a_{n-1} + a_{n-1} = \frac{n^2 + n}{2} + \frac{n^2 - n}{2} = \frac{n^2 + n + n^2 - n}{2} = \frac{2n^2}{2} = n^2$$

Que es lo que queríamos probar. Esta es una de las demostraciones más sencillas que se hacen en primero de Matemáticas o Ingeniería y que es accesible con conocimientos de secundaria (más la idea de que en matemáticas es necesario demostrar las afirmaciones que se realizan). Lo curioso es que con regletas y conocimientos de 3.º o 4.º de primaria también se puede obtener una demostración muy visual:

La siguiente construcción sigue el patrón de los números triangulares.

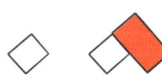    

Por si hubiera dudas:

 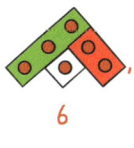  

1   3   6   10   15

Si tomo el 4.º y el 5.º número triangular tendré:

Por si todavía no se ve claro voy a girar al 4.º (con lo divertido que es hacer esto con regletas, hay que ver qué rollo es dibujarlas con el ordenador. Prométeme que lo vas a intentar con regletas).

Que si se mueven un poquito hacia arriba se obtiene:

¡CLICK!

Parece que encajan. En efecto, un cuadrado de 5x5, como queríamos demostrar, pero además ¡es un trozo del cuadrado fruto de rellenar «el laberinto con un caracol» del problema anterior! ¿No es maravilloso?

Esta demostración visual no es una demostración matemática porque no trata el caso general. Pero no es una mera comprobación, no utiliza el valor de los números. Una comprobación sería esto: el 4.º y el 5.º número triangular valen 10 y 15 y efectivamente 10+15=25, que es un cuadrado. ¿Se aprecia la diferencia?

Cuando tratas de encajar otros números triangulares que no sean consecutivos, ves que el cuadrado no se completa.

El hecho de que esta demostración se pueda hacer en enseñanzas medias y que podamos ir trabajando con niños pequeños que las matemáticas se argumentan y se demuestran, compensa con creces la pérdida de generalidad con respecto a la demostración algebraica.

1⁜ En paralelo hemos doblado multiplicando y multiplicador; así sabemos que el doble de 95 es 190 y que su cuádruple es 380. Haciendo los dobles hasta 32 y seleccionando los sumandos que dan 35 encontramos una descomposición muy interesante del multiplicador* como potencias de dos. En nuestro caso lo que estamos haciendo es aplicar la propiedad distributiva a la descomposición que hemos encontrado:

$$35\times95=(32+2+1)\times95=32\times95+2\times95+95$$

2⁜ Para cada grupo de letras hay 10 000 matrículas desde la matrícula 0000 (¡que cumple la propiedad!) y la 9999 (que no la cumple). Si nos quedamos con los dos primeros números, por ejemplo, el 6 y el 9, hay exactamente 100 matrículas desde la 6900 a la 6999. Como solamente la 6954 cumple nuestra propiedad, podemos esperar que uno de cada cien coches cumpla la propiedad. Eso quiere decir que no es fácil encontrar coches que la cumplan y puede llevarnos a no encontrar ninguno en un trayecto corto, o dos aparcados uno al lado del otro que la cumplan. Como vemos en el capítulo 7, no es lo mismo la expectativa que tengamos de algo que lo que luego encontremos en el mundo real.

3⁜ Partiendo de la imagen, si al cuadrado del 4 le sumamos los números que están sobre él: 16+12+8+4=40 y los que están a su izquierda, 12+8+4=24, está claro que da 64, que es 4x4x4 o el volumen que tendría un cubo de arista cuatro. Lo mismo ocurre con el cuadrado verde, al que si le sumamos 9+6+3+6+3=27, que es el cubo de 3 y con 4 que, si le sumamos 2 veces 2, nos da 8, el cubo de dos. Uno ya era un cubo antes. En todo caso lo que acabamos de hacer no es una demostración, sino una simple comprobación. Si quisiéramos saber cómo es posible que algo así ocurra tendríamos que recurrir a algo más potente. Observa que la suma de la columna que baja hasta el cuadrado de n×n vale 1×n+2×n+3×n+... +n×n, si sacamos factor común n, tendremos (1+2+3+...+n)×n. El primer factor de esa multiplicación es una progresión aritmética, de las que sumamos en el anterior capítulo; su suma vale 1+2+...+n=(n+1)×n/2; así la columna n de una tabla como la que vemos suma (n+1)× n/2 ×n=n×n×(n+1)/2 los sumandos de su izquierda son (1+2+3+...+n-1)×n que aplicando lo mismo suman

Concretamente estamos dando una descomposición de 35 como potencias de 2, $35=32+2+1=2^6+2^1+2^0$. El 35 en base 2 se escribe 1000011 (un 2 a la 6; ninguno a la 5, ni a la 4, ni a la 3, ni a la 2; uno a la 1 y uno a la cero).

n×(n-1)/2×n=n×n×(n-1)/2; si ponemos las dos sumas juntas, obtenemos lo buscado: n×n×(n+1)/2+n×n×(n-1)/2=n×n×((n+1)/2 +(n-1)/2)=n^3.

Para terminar esta demostración solo hace falta justificar que las tablas forman un cuadrado, pero eso lo podemos dar por visto —con lo que ya sabemos— o dejarlo como «ejercicio».

1⁙ Se toma la tabla del divisor y se van probando productos sucesivos. Imagina que estás jugando al «resto cuenta» y quieres obtener el mayor resto posible al dividir entre 5. Los números de la tabla del 5 dan resto 0, los siguientes (11, 16, 21, 26...) dan resto 1, sus siguientes (12, 17, 22...) dan resto dos... Los anteriores a los de la tabla del 5 dan resto 4 (14, 19, 24, 29...), que es el mayor resto posible. A veces operamos con los restos de divisiones (en matemáticas «de mayores» se llama aritmética modular), y tiene curiosas aplicaciones. Por ejemplo, tiene la explicación de por qué tu cumpleaños cae cada año en un día distinto, y es porque al dividir 365 entre 7 da resto 1 —364 daría resto 0—. Por tanto, el 30 de diciembre es el mismo día que el 1 de enero anterior. Y el día antes de tu cumpleaños es el mismo día que tu anterior cumpleaños. Esto siempre que el año trascurrido no sea bisiesto, claro.

2⁙

```
      1 4 8
  4 │ 5 9 2                      5 3 0
    - 4                    6 │ 3 1 8 5
      1 9                    - 3 0
    - 1 6                        1 8
        3 2                    - 1 8
      - 3 2                        0 5
          0
```

3 Que me perdonen los maestros por haber hecho el experimento con ellos: pasas una lista con 10 enunciados de problemas de dividir y les pides que —sin resolverlos— te señalen con cuáles creen que van a tener mayor dificultad sus alumnos. A nadie sorprenderá que marquen como más difíciles los que no son repartos en partes iguales, sino que proponen restas sucesivas o medidas. La única manera de que esto cambie es que resolvamos muchos problemas, y que sean muy diversos y que abandonemos el latiguillo de «dividir es repartir». Uno de los marcados como difícil era este, que se resuelve con una división, 35 entre 3, que resulta 11 y resto 2. Habrá que interpretarlo; por ejemplo, que necesito 11 bolsas y que me como los 2 Sugus que sobran.

4 Un medio de un folio es medio folio, una cuartilla, un A5 (si es que nuestro folio era de formato A4, el usual). Un folio dividido en tercios es el pliegue que se solía hacer para las cartas —¿recuerdas cuando escribíamos cartas?—. La mitad de un tercio es medio tercio, y cabe seis veces en un folio. Una demostración manipulativa de:

$$1 : \tfrac{1}{6} = 6$$

5 En la tira central podemos utilizar la pieza más pequeña, $\tfrac{1}{12}$, para medir las mayores. Observa que $\tfrac{1}{12}$ cabe dos veces en $\tfrac{1}{6}$; esto es una demostración visual de que $\tfrac{1}{6} = \tfrac{2}{12}$. Lo mismo ocurre cuando ajustamos visual o manipulativamente $\tfrac{3}{12}$ en $\tfrac{1}{4}$, y seis más en el medio. Resulta que la tira central mide exactamente 12 doceavos. Es, por tanto, la que mide lo mismo que la unidad.

No ocurre lo mismo cuando tratamos de medir con la tira más pequeña en la composición de arriba, si bien es cierto que $\tfrac{1}{12}$ se puede encajar 4 veces en $\tfrac{1}{3}$, y 2 en $\tfrac{1}{6}$, no da exacto para medir octavos, ni quintos, ni décimos. Parece el final de nuestro experimento manipulativo, pero es en realidad el principio del trabajo mental que es obligatorio hacer: necesitamos una pieza más pequeña, que sea capaz de medir doceavos, octavos y décimos (porque si vale para medir décimos sabrá medir quintos que son dos décimos). Las piezas que encajan en los décimos son medios décimos ($\tfrac{1}{20} = \tfrac{1}{10} : 2$) o veinteavos, o treintavos o cuarentavos, o… cualquiera que resulte de considerar subdividir $\tfrac{1}{10}$ un número natural de veces, como hemos visto en el capítulo. Es por eso que buscamos entre los múltiplos comunes de todos los denominadores, y ocurre que el denominador común es 120, esa pieza tan pequeñita que sabe medirlas a todas es el cientoveinteavo; así, si escribimos la tira de arriba con sus equivalentes con denominador 120, obtenemos:

$$\tfrac{24}{120}+\tfrac{40}{120}+\tfrac{20}{120}+\tfrac{10}{120}+\tfrac{12}{120}+\tfrac{15}{120}=\tfrac{121}{120}$$

Procediendo igual con la tira inferior:

$$\tfrac{40}{120}+\tfrac{30}{120}+\tfrac{10}{120}+\tfrac{24}{120}+\tfrac{15}{120}=\tfrac{119}{120}$$

Así que lo que le sobra a la primera para ser una unidad es lo que le falta a la última, o sea que entre las tres suman exactamente tres.

6 ⁛ Lo primero que tenemos que calcular es cuántos anillos tiene ese túnel; como cada uno mide metro y medio de largo tendremos que ver cuántos anillos de 1,5 metros habrá en 7580 metros de túnel.

Si dividimos 7580 entre 1,5 resulta 5053,33 (lo hice con la calculadora, claro). Pongamos 5054 anillos —mejor que sobre a que falte—. Como cada anillo pesa 50 toneladas, para completar el túnel habremos utilizado 5054 veces 50 toneladas: 252 700 toneladas. El hecho de que cada anillo esté formado por 7 dovelas es —en este problema— un dato que no se utiliza, y conviene tener cuidado: yo lo utilicé, leí mal mi propio problema y me salían casi dos millones de toneladas, un disparate. Menos mal que lo corregí.

7 ⁛ Observa que utilizo el zapato como unidad de medida. Si te pones en mi situación, como dicen los ingleses, *in my shoes*, podrás imaginarte midiendo, haciendo marcas en el suelo o en la pared, pero ni sumando, ni restando, y salvo que ya sepas que «medir es también dividir», tampoco te veo dividiendo.

Imagino que te has fiado de mí, que para algo soy el *profe*, y que has dividido, entiendo que, con la calculadora.

¡Claro! Cuatro entre 0,35 da decimales porque son 11 zapatos y sobra un trocito. Puedo poner 11 zapatos idénticos en fila en el pasillo —no va a quedar muy estético, pero es práctico—, y todavía habrá un huequito para un zapatito pequeño, ¿cómo de pequeño? Para saber cuánto sobra, podríamos hacer la división en papel, aunque no es necesario. Ya que sabemos que mi zapato de 35 centímetros cabe 11 veces —sí, veces, lo de multiplicar—, eso son 350 centímetros (10 veces 35) y 35 centímetros más, eso da un total de 385 centímetros. Hasta los 4 metros me sobran 15 centímetros. Si reconstruimos de dónde viene ese 15 nos encontramos con que es el resultado de restarle al dividendo el producto del cociente por el divisor. ¡La división es una multiplicación camuflada!

400 = 35 x 11 + 15 (si te gusta más: 4 = 0,35 x 11 + 0,15)

8⁜ Pasar de fracción a decimal es tan simple como realizar la división: si te digo ⅛ pones 1 entre 8 en la calculadora o el móvil, o en la barra de navegación de Google Chrome, y te da como resultado 0,125. Para realizar el proceso inverso escribo el número decimal sin comas y luego divido por un 1 seguido de tantos ceros como cifras decimales tenía el número. Pero ¿y si tiene infinitas? Si tiene infinitas cifras decimales no siempre va a tener una fracción asociada. Por ejemplo, el número π tiene infinitos decimales y no hay manera de escribirlo como fracción (es porque es irracional, literalmente «no se puede poner como fracción»). No ocurre lo mismo cuando los decimales se repiten a partir de un momento, por ejemplo, 6,123232323... tiene lo que se llama un periodo formado por dos cifras que se repiten hasta el infinito. Si quiero ver de qué fracción «proviene» puedo hacer algo así:

* I. Llamo a mi número de alguna forma, pues me va a ayudar a entender las manipulaciones que vamos a hacerle.

f=6,123232323...

* II. Multiplico por un 1 seguido de tantos ceros como sea necesario para sacar todo un periodo a la izquierda de la coma decimal, en nuestro caso por 1000 (también podría ser 100000 o 10000000...):

1000×f=6123,232323...

* III. Como hay una cifra entre la coma y el comienzo del periodo calculo 10×f=61,232323...

* IV. Hago la diferencia entre el número calculado en el paso II y el calculado en el paso III (si no hubiera decimales entre la coma y el periodo, a II le restaríamos I).

$$1000 \times f = 6123,232323...$$
$$10 \times f = 61,232323...$$
$$990 \times f = 6123 - 61$$

Resulta que no tengo el número que buscaba, sino 990 veces ese número, y resulta que ya no tiene decimales. Hemos ganado.

$$f = {}^{(6123-61)}/_{990} = {}^{6062}/_{990}$$

Si quieres que te ponga la máxima nota en este ejercicio, falta simplificar la fracción que hemos obtenido (se le suele llamar generatriz).

$$f = {}^{3031}/_{495}$$

Y comprobar que efectivamente da el resultado esperado, cosa que ya he hecho.

Capítulo 6

1 ❖ En un primer momento estará claro que en el tablero de ajedrez hay 64 cuadrados pequeños o escaques, 32 claros y otros 32 oscuros.

Pero ¿cuántos cuadrados habrá si consideramos los cuadrados que forman 4 escaques?

Si nos ponemos a contarlos sin pensar es muy posible que nos dejemos muchos.

Nada más que en la esquina formada por los 9 primeros escaques ya salen 4.

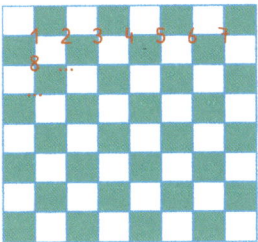

Hay una estrategia mucho más efectiva y es, en lugar de contar cuadrados 2 por 2, contar sus centros... Y sí, al contar cuadrados 2 por 2, salen 49.

Si llevamos esta técnica, esta «idea feliz» al conteo de cuadrados 3 por 3 (sus centros están ahora en el interior del escaque central) obtendremos... 36.

No voy a continuar con las imágenes, porque creo que ya se percibe el patrón:

Tamaño	Cantidad
1x1	$64 = 8 \times 8 = 8^2$
2x2	$49 = 7^2$
3x3	$36 = 6^2$
4x4	$25 = 5^2$
5x5	$16 = 4^2$
6x6	$9 = 3^2$
7x7	$4 = 2^2$
8x8	1 (TODO EL TABLERO)

El valor de la suma total, 204, parece ya secundario, pero te diré que si en lugar de contar cuadrados hubiéramos contado bolas de cañón (como se hacía en tiempos) o naranjas (más de mi tierra y menos belicosas), podríamos entender que estamos apilando esferas y por qué la suma que acabamos de calcular corresponde con el 8.º número piramidal.

En la imagen, $30=1^2+2^2+3^2+4^2$, el 4.º número piramidal; el 8.º es $1^2+2^2+3^2+4^2+5^2+6^2+7^2+8^2=204$.

2 Elegimos cuál va a ser la base de nuestra pirámide y trazamos desde sus cuatro vértices ocho líneas que los unan con los puntos medios de las aristas contrarias, las de la base que vamos a suprimir. Cortamos con unas tijeras por las líneas que hemos trazado y comprobamos que quedan una base y cuatro triángulos que son idénticos a las cuatro caras de nuestra pirámide, que unimos con celo y mucho cuidado. La relación entre las superficies es que el prisma tiene superficie doble a la pirámide que puedes hacer con él. Si ahora suprimimos la base de la pirámide y la rellenamos con pan rallado o arroz para ver la relación de capacidad entre la pirámide y el prisma original, podremos observar que en el prisma cabe el triple que en la pirámide.

Hay que hacer una apreciación, la teoría nos dice que el volumen de una pirámide es la tercera parte del volumen del prisma que tenga la misma base y la misma altura. Por la forma en la que hemos construido la pirámide, no tiene la misma altura, hemos perdido un poquito, pero aun así creo que este experimento manipulativo merece mucho la pena.

3 No te voy a decir cómo hacer las combinaciones, pero los tipos de cuadriláteros son estos:

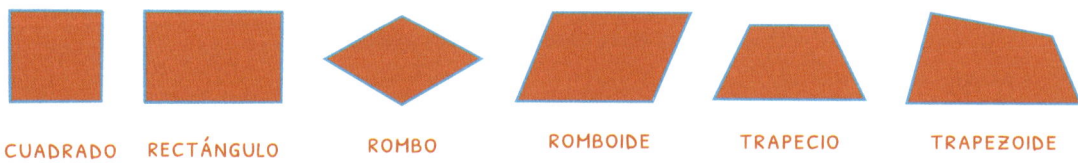

CUADRADO   RECTÁNGULO   ROMBO   ROMBOIDE   TRAPECIO   TRAPEZOIDE

Los cuatro primeros pertenecen a la familia de los paralelogramos (lados paralelos dos a dos) y en el caso del trapecio existen casos particulares tipo «isósceles» cuando los lados que no son paralelos son iguales entre sí, o «rectángulo», si forma un ángulo recto.

4 ⁂ Este ejercicio abierto es muy interesante porque lo primero que debemos hacer para resolverlo es decidir cuándo dos triángulos son iguales. Parece claro que el resultado de girar un triángulo es el mismo triángulo, pero ¿qué les ocurre a estos dos?

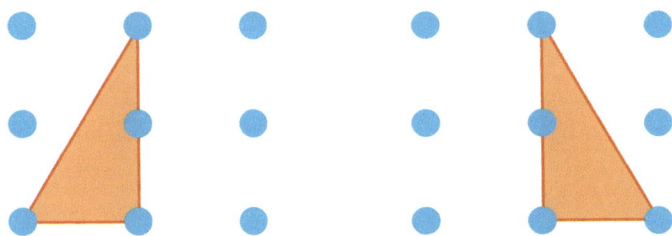

Para mí, son el mismo, pero si tú lo ves de otra forma, es que aceptas giros, pero no simetrías. Más allá de que podamos discutir un día qué estaba pensando cuando dije «diferentes» (buscaba tener esa ambigüedad), voy a considerar que si al trasluz o recortados con tijeras y superpuestos son iguales es que no son diferentes.

A mí me salen estos siete:

Tres rectángulos, tres acutángulos y un obtusángulo. ¿Me he dejado alguno?

Capítulo 7

1 ⁂ Los caballos 0, 2 y 6 tienen la misma probabilidad, ⁶⁄₃₆, de avanzar a cada tirada, mientras que el 1 y el 9 lo tienen muy difícil, y peor lo tiene el caballo siete.

	1	2	3	4	5	6
1	1	2	3	4	5	6
2	2	4	6	8	0	2
3	3	6	9	2	5	8
4	4	8	2	6	0	4
5	5	0	5	0	5	0
6	6	2	8	4	0	6

CABALLO	A FAVOR	PROBABILIDAD
0	6	16,7%
1	1	2,8%
2	6	16,7%
3	2	5,6%
4	5	13,9%
5	5	13,9%
6	6	16,7
7	0	0,0%
8	4	11,1
9	1	2,8
	36	

2 ⁘ En esta ocasión no podemos utilizar lo de casos favorables partidos de casos posibles, ya que estos no tienen la misma probabilidad (es seguro que con una moneda «cargada» tres caras es mucho menos probable que tres cruces).

Esta vez hay que ser un poco más sutil. Vayamos tirada a tirada. Si el 40 % de las veces da cara y las restantes da cruz, una vez que haya tirado y salido cara me volveré a encontrar en la misma situación; la moneda no tiene memoria y dará cara en otro 40 % de los casos y cruz en otro 60 %, independientemente de lo que dieran en la anterior.

Llegados a este punto va a venir muy bien un esquema:

CARA/CARA $0,4 \times 0,4 = 0,16$

CARA/CRUZ $0,4 \times 0,6 = 0,24$

CRUZ/CARA $0,6 \times 0,4 = 0,24$

CRUZ/CRUZ $0,6 \times 0,6 = 0,36$

Esto quiere decir que trascurridas dos tiradas hay cuatro resultados posibles. Hemos anotado al final de cada rama la expectativa que tenemos de estar en ese caso; observa que obtener dos caras es esta vez menos de la mitad de probable que dos cruces; puedes comprobar también que los números del final suman 1, menos mal. Se ha repartido correctamente toda la probabilidad entre las cuatro opciones disponibles.

En estos casos hay que considerar una regla de la probabilidad muy razonable: que si dos sucesos son independientes la probabilidad de que ocurra uno y otro es el producto de la probabilidad de que ocurran por separado. Iteramos este proceso, un paso más y obtenemos:

$0{,}4 \times 0{,}4 \times 0{,}4 = 0{,}064$	
$0{,}4 \times 0{,}4 \times 0{,}6 = 0{,}096$	
$0{,}4 \times 0{,}6 \times 0{,}4 = 0{,}096$	
$0{,}4 \times 0{,}6 \times 0{,}6 = 0{,}144$	
$0{,}6 \times 0{,}4 \times 0{,}4 = 0{,}096$	
$0{,}6 \times 0{,}4 \times 0{,}6 = 0{,}144$	
$0{,}6 \times 0{,}6 \times 0{,}4 = 0{,}144$	
$0{,}6 \times 0{,}6 \times 0{,}6 = 0{,}216$	

La cuestión ahora, para poder terminar este ejercicio, es acumular (sumando) todos los casos que nos son favorables (dos o más caras), los correspondientes a las tres primeras filas y la quinta: $0{,}352$. Si esta era nuestra opción tenemos menos probabilidad de ganar que nuestro rival (a él le corresponde el $0{,}648$ de las jugadas); por eso más vale que el premio lo compense (que esté en una proporción semejante) o no merecerá la pena jugar.

3❖ Cambiarían bastante. Para empezar, nunca saldría el 1, y el 2, que es lo menos que pueden sumar dos dados, solo tendría una expectativa de salir una de cada treinta y seis tiradas. También tendríamos problemas con el 11 y el 12 (improbables pero no imposibles), y posiblemente agotásemos las regletas verde oscuro, negras y marrones (correspondientes con el 6, 7 y 8). Aún sería un buen juego de medida.

4❖ Como en un principio los tres caramelos son igual de probables, vamos a imaginar que has elegido el verde. Puede ser venenoso (⅔ de probabilidad) o no serlo (⅓). Como solo uno es el inocuo hay tres situaciones de partida; están reflejadas en esta tabla:

Verde (el tuyo)	Rojo	Azul
Inocuo	Venenoso	Venenoso
Venenoso	Inocuo	Venenoso
Venenoso	Venenoso	Inocuo

Si estamos en el primer caso, me habré llevado cualquiera de los otros dos, y cambiarlo te mataría; si estamos en el segundo o en el tercer caso, me habré llevado el venenoso, y cambiarlo te salvaría. No podemos saber en qué caso estamos, pero sí que cambiar mejora —dobla— tu expectativa de salvarte.

Este es un ejemplo del problema de Monty Hall. Y tiene una historia muy curiosa que le debemos a Marilyn vos Savant, una mujer que alcanzó cierta popularidad como niña superdotada (se dice que con un coeficiente intelectual superior a 200) y que defraudó a todos los que la consideraban la nueva Einstein al limitar su carrera a tener un consultorio en la revista *Parade*. En 1990 le preguntaron por la situación en la que en un concurso televisivo (*Let's make a deal*, que presentaba en los años sesenta el señor Hall) dispusiera tres puertas: detrás de dos de ellas sendas cabras, detrás de la otra un coche. Tras elegir una puerta, Monty mostraba una cabra y ofrecía cambiar. Vos Savant respondió lacónica que era mejor cambiar.

El problema alcanzó mucha popularidad (hoy diríamos que viralizó) y hasta el propio Monty Hall se vio obligado a matizar su papel en esta historia, aclarando que él podía ofrecer al concursante dinero en lugar de cambiar de puerta y que esto trastocaba los planes de los concursantes: «Cuanto más dinero ofrecía, más se veían convencidos de que detrás de esa puerta estaba el coche». Hall insistía en que había que considerar factores psicológicos además de los puramente probabilísticos. La columna de la señora Vos Savant recibió más de 10 000 cartas y comentarios —entre ellos, al parecer, un millar escritos por doctores universitarios— que no podían soportar el sesgo cognitivo que les provocaba esta situación tan poco intuitiva.

Capítulo 8

1 ⁜ Durante mucho tiempo el 1 fue considerado número primo. La mayor parte de las propiedades de los primos se mantienen en el 1, así que no sería un inconveniente muy grande considerarlo primo. Tal vez el mayor problema sea el que plantea el teorema fundamental de la aritmética: todo número se puede descomponer de forma única salvo el orden como producto de primos, por ejemplo, $155=5 \times 31$ o $1080=2^3 \times 3^3 \times 5$. Si 1 fuera primo habría que

añadir al «salvo el orden» un «de primos mayores de uno». Así que decir que 1 no es primo nos ahorra una aclaración al formular un teorema —fundamentalmente—.

2 ✥ Como $a^n = a \times a \times a \times \ldots$ $^{(n\ veces)}$ $\times a$, tendremos que $a^m = a \times a \times a \times \ldots$ $^{(m}$ $^{veces)}$ $\times a$ y no quedará más remedio que $a^n \times a^m = a \times a \times \ldots$ $^{(n\ veces)}$ $\times a \times a \times \ldots$ $^{(m\ veces)}$ $\times a$ esto es, si contamos las as que hay ahí: $a^n \times a^m = a \times a \times \ldots$ $^{(n+m}$ $^{veces)}$ $\times a = a^{(n+m)}$.

3 ✥ Los números decimales que hay entre 0 y 1 son más que todos los números naturales.

En el capítulo hemos visto técnicas para contar conjuntos infinitos de números. Técnicas que producen resultados sorprendentes, como que no hay más números naturales que números pares (dejando de lado a los impares, que tampoco son menos que los naturales). De manera semejante podríamos demostrar que hay tantos racionales como naturales (a pesar de ser estos un subconjunto de aquellos). Ahora vamos a ver que sin embargo los números reales son más, muchos más.

Vamos a imaginar que hubiéramos emparejado en dos columnas, a un lado los naturales y a otro los números decimales que hay entre 0 y 1, tanto los que se pueden expresar como fracción como los que no, dando por bueno que los números de la derecha son todos distintos:

1	$0, x_{11} x_{12} x_{13} x_{14} \ldots$
2	$0, x_{21} x_{22} x_{23} x_{24} \ldots$
3	$0, x_{31} x_{32} x_{33} x_{34} \ldots$
4	$0, x_{41} x_{42} x_{43} x_{44} \ldots$
...	...

Cada x_{ij} es una cifra, entre 0 y 9.

Tomamos un número que debe de estar en la lista, si es que están todos, es el número

$$0, x_{11}\, x_{22}\, x_{33}\, x_{44} \ldots$$

Construimos a partir de él otro número, que no puede estar en la lista:

$$0,y_1y_2y_3y_4\ldots$$

Con la única condición de que cada cifra de este número es distinta a la que ocupa su posición en el número de arriba. ¿Por qué digo que este número no puede estar en la lista? Porque de estarlo tendría que estar en alguna posición, por ejemplo, en la segunda, pero entonces $y_2{=}x_2$, algo que hemos dicho que no podía ser; lo mismo si está en la octava fila, en ese caso $y_8{=}x_{88}$, y he ahí nuestra contradicción, que proviene de suponer que podíamos escribir todos los números decimales en una lista, por lo que por la técnica de reducción al absurdo deducimos que no, que no se puede.

4 ⁙ La forma en que teje esta araña es peculiar, porque no sigue un modelo lineal, (en el doble de tiempo teje el doble), sino uno exponencial, vete a saber por qué; tal vez porque al principio le cuesta mucho cubrir o porque se va entonando. En todo caso, asumimos los datos del problema y vamos a usar una estrategia muy interesante, la de imaginar el problema resuelto. Como durante el día 30 dobla la superficie tejida, es el día 29 en el que terminó de tejer la mitad de esta superficie.

Si la hubiera ayudado otra araña que no la entorpeciera ni estorbase, sino que colaborasen en perfecta armonía, habrían precisado de ¡29 días para terminar entre las dos!

5 ⁙ Procedemos como en el problema anterior y vamos hacia atrás. Una consecuencia de este problema es que en el tablero de ajedrez completo hay casi el doble de los granos que hay en la última casilla y donde dice «casi» hay que leer uno menos que el doble, ya que si llamo S_{64} a la suma de los granos que hay desde el primer escaque al último está claro que $S_{64}{=}1{+}2{+}2^2{+}2^3{+}\ldots{+}2^{63}$. Ahora hacemos un truco —una de esas ideas felices que nunca se te ocurrirían si no te las cuentan antes— consistente en multiplicar por 2 la expresión anterior, con lo que tendremos $2{\times}S_{64}$ a un lado y $2{+}2^2{+}2^3{+}\ldots{+}2^{63}{+}2^{64}$ al otro lado del signo igual. Mirando cada uno de los sumandos vemos que en el segundo están todos los del primero menos el 2^{64} del segundo y el 1 del primero. Si al segundo le restamos el primero obtenemos que la suma de todos los granos que había en el tablero es $2^{64}{-}1$. Son tantos que si empleásemos un segundo en colocar cada grano necesitaríamos aproximadamente 42 veces el tiempo que se estima está en marcha el universo para completar la tarea. Operaciones como esta última están hechas con un motor de conocimiento computacional que se llama WolframAlpha y que puedes encontrar en www.wolframalpha.com.

LECTURAS RECOMENDADAS

* Edwin A. Abbott, *Planilandia: una novela de muchas dimensiones* (Barcelona: Laertes Editorial, 2008). Una demostración con palabras de que se puede utilizar la geometría para hacer un relato de sátira social a la Inglaterra victoriana. Un objeto de dos dimensiones no puede mirar hacia arriba (ni hacia abajo) y Abbott, que abogaba por la igualdad de derechos y la abolición de privilegios, encontró en la geometría una metáfora perfecta.

* Claudi Alsina es un gran divulgador de las matemáticas para adolescentes y adultos; dos ejemplos son *Todo está en los números* (Barcelona: Editorial Ariel, 2017) y *Mateschef: un sofrito de números y fórmulas para chefs y gourmets* (Barcelona: Editorial Ariel, 2015), repletos de buenas ideas y recursos para disfrutar haciendo y viviendo las matemáticas.

* Los primeros seis libros de *Elementos* de Euclides en la edición de Oliver Byrne, que utilizó el mismo esquema cromático que Mondrian —un siglo antes— para las figuras y diagramas en su excelente edición de 1847, reeditada por Taschen en 2010. El autor deja claro en el subtítulo que esta es una obra didáctica que pretende distinguir su versión de todas las otras: «Los primeros seis libros de los *Elementos* de Euclides en los que se emplean diagramas de color y símbolos en lugar de letras para facilitar el aprendizaje».

* Cualquier libro de Maria Antònia Canals, como *Vivir las matemáticas* (Barcelona: Editorial Octaedro, 2009) o el libro-entrevista que le hizo Purificació Biniés, *Conversaciones matemáticas con Maria Antònia Canals, o cómo hacer de las matemáticas un aprendizaje apasionante* (Barcelona: Editorial Graó, 2008); o si eres profesional, sus dosieres publicados también por Editorial Octaedro, repletos de recursos.

* G. H. Hardy, *Apología de un matemático* (Madrid: Capitán Swing, 2017). Uno de los mejores matemáticos del siglo XX, en la época de su declive como investigador, reflexiona sobre la belleza y la necesidad de las matemáticas.

* Georges Ifrah, *Historia universal de las cifras* (Barcelona: Espasa Calpe, 2009), o su más manejable *Las cifras, historia de una gran invención* (Madrid: Alianza Editorial, 1994), ambos descatalogados, han sido una referencia para mí desde que empecé a aficionarme a las matemáticas y su historia. El capítulo 2 bebe de ellos.

* John Allen Paulos, *El hombre anumérico* (Barcelona: Tusquets, reeditado en 2016). El profesor Paulos diserta sobre el *anumerismo* (término inventado por él) y sus posibles causas. Mientras que el analfabetismo suele ocultarse o llevarse con vergüenza, no saber de números es algo de lo que se llega a alardear.

* Luis Puig y Fernando Cerdán, *Problemas aritméticos escolares* (Madrid: Editorial Síntesis, 1988). Un libro pequeño y bastante técnico que incluye una revisión de todos los problemas aritméticos escolares de estructura verbal; por si queremos repasar los que hay y las dificultades que entrañan. El libro está disponible para descarga en la web del profesor Puig.

* Simon Singh, *El enigma de Fermat: la historia de un teorema que intrigó durante más de trescientos años a los mejores cerebros del mundo* (Barcelona: Editorial Ariel, 2015). La historia de cómo una anotación al margen en un libro antiguo de aritmética (sobre la imposibilidad de generalizar a potencias mayores de 2 el teorema de Pitágoras) se convirtió en el problema abierto más famoso de las matemáticas, contada con amenidad y amor por las matemáticas.

Joseángel Murcia

Licenciado en Matemáticas por la Universidad de Murcia, profesor asociado en la Facultad de Educación de la Universidad Complutense de Madrid, formador de maestros y asesor del método Smartick.

El nacimiento de sus hijas le hizo preguntarse acerca de cómo aprenden los niños y por qué lo que en inicio es juego, vivencia y pasión acaba siendo rechazado por muchos. De esa inquietud nació el blog tocamates, donde responde a preguntas en su consultorio Aló, Tocamates y propone recursos para familias y docentes con los que disfrutar de las matemáticas. Además, colabora en medios de comunicación como Verne de *El País* o la Cadena SER y tiene una sección en el programa despertador infantil *Diverclub* en RadioSol.com. Podrás encontrarlo en redes con su perfil @tocamates.

Cristina Daura

Después de estudiar Ilustración en La Massana, complementa sus estudios en el Maryland Institute College of Art (Baltimore), pasa varios años lloriqueando, dándose de cabezazos contra la pared, trabajando limpiando culos de niños, aceptando encargos horribles, odiando al mundo, intentando hacer un cómic que nunca salió, y cayendo en una espiral absurda de tristeza. Un día lo manda todo a la mierda y solo se preocupa de concentrarse en lo que en el fondo le hacía ilusión: dibujar cómics e ilustrar a su estilo. Sorprendentemente las cosas van bien y puede pagarse el alquiler. Actualmente trabaja para prensa de todo el mundo, grupos de música, libros y algunas cosas más. Prefiere trabajar para clientes que le gustan, con los que comulga y con los que se entiende, entre ellos: *The New York Times*, *The New Yorker*, *Die Zeit*, *Süddeutsche Magazine*, *El País*, Penguin Books, Blackie Books, Nike, Moog, Razzmatazz, Gutter Fest, Ayuntamiento de Madrid, etc. Se ha dicho que sus ilustraciones juegan entre una estética «infantil» y la perversidad de alguien que no acaba de estar bien de la cabeza. El cómic y el arte fauvista podrían ser sus mayores influencias. Eso y mucha televisión. Considera estar feliz, pero de vez en cuando vuelve a caer en la espiral de autoflagelación.